中國最美古建園林

主编：郭成源　马祥梅　邱艳昌

中国林业出版社
China Forestry Publishing House

图书在版编目（CIP）数据

中国最美古建园林 / 郭成源，马祥梅，邱艳昌主编. -- 北京 ：中国林业出版社，2015.9

ISBN 978-7-5038-8158-9

Ⅰ. ①中… Ⅱ. ①郭… ②马… ③邱… Ⅲ. ①古典园林－园林艺术－中国 Ⅳ. ① TU986.62

中国版本图书馆 CIP 数据核字（2015）第 225102 号

中国林业出版社 · 建筑家居出版分社

责任编辑：李　顺　唐　杨

出版咨询：（010）83143569

出　版：中国林业出版社（100009 北京西城区德内大街刘海胡同 7 号）

网　站：http://lycb.forestry.gov.cn/

印　刷：北京博海升彩色印刷有限公司

发　行：中国林业出版社

电　话：（010）83143500

版　次：2016 年 1 月第 1 版

印　次：2016 年 1 月第 1 次

开　本：889mm×1194mm 1 / 16

印　张：33.5

字　数：450 千字

定　价：598.00 元

前 言

纵观祖国大好山河及各地古典园林，其雄伟壮观、鬼斧神工令人感到震撼，无不为之倾倒。本书众作者出于对祖国壮丽河山的无限热爱，先后耗八年之久，不惜倾家庭极限财力，走南闯北，跋涉全国，对祖国各地名山大川、名胜古迹进行了全面的造访，实地拍摄高清晰度数码图片 9260 余幅，现场采访各种相关信息资料 860 余条。现经过系统整理和反复筛选，以其中 228 个特色风景区进行重点推介。每风景区除采用 4 ~ 8 幅精彩图片展示其景观外，另附有相关诗词及简短文字说明，使读者如亲临其境，感同身受。本书知识性、观赏性、趣味性兼备，极适合全国各大、中专院校园林及旅游专业学生作辅助教材，也极适合社会广大旅游爱好者阅读、欣赏。一书在手，游遍神州；读知华夏美，领略神州奇；足让您陶醉不尽、感慨万千。

在本书外业调查及编写过程中，曾得到全国各地摄影家协会、各地风景名胜区、各自然保护区领导的大力支持，特别是得到安徽农业大学钟家煌教授、安徽南陵县政府翟莲莲局长、山东农业大学老年摄影家协会的热情帮助，在此一并表示衷心谢意。

鉴于本书编写时间仓促及作者水平所限，书中疏漏及不当之处难免，诚请各位专家及读者批评斧正。

作 者

2015 年 7 月于泰山

目录

皇家园林

私家园林

皇宫

寺

庙

宫观

目录

楼阁

亭

塔

祠

会馆

衙署

古城

府院

街

八大风景区

皇家园林

皇家园林是指属于皇帝或皇室的园林。由于皇帝拥有雄厚的资财，因此皇家园林经营规模宏大，气势恢宏，建筑装修都富丽堂皇。但由于历代王朝更替、战火及天灾，很多早期的皇家园林早已成为废墟，但现代人仍能从保存下来的有限皇家园林及相关遗迹中，研究皇家园林艺术的水平。

涵虚牌坊

颐和园东宫门

何处燕山最畅情，无双风月属昆明。

——清 · 乾隆

颐和园位于北京市海淀区，距北京城区 15 km，占地约 290 公顷。乾隆十五年（1750 年），乾隆皇帝为孝敬皇后而动用 448 万两白银在这里建造了清漪园，咸丰十年（1860 年），清漪园被英法联军焚毁。1888 年慈禧太后以筹措海军经费的名义动用 600 万两白银，改称为颐和园，作消夏游乐地。1961 年 3 月 4 日，颐和园被公布为第一批全国重点文物保护单位，1998 年 11 月被列入《世界遗产名录》。颐和园以万寿山、昆明湖为基本框架，占地 300.59 公顷，水面约占 3/4，园中有点景建筑物百余座，其中佛香阁、长廊、石舫、苏州街、十七孔桥、谐趣园、大戏台等则是颐和园的代表性建筑。园中主要景点大致分为三个区域：以庄重威严的仁寿殿为代表的政治活动区；以乐寿堂、玉澜堂、宜芸馆等庭院为代表的生活区；以长廊沿线、后山、西区组成的广大游览区。

紫铜龙塑像

仁寿殿

文昌阁

二宫门及佛香阁

苏州街

德和大戏楼

寄澜亭

山色湖光共一楼

石舫

排云殿

十七孔桥

至佛香阁阶梯长廊

迎辉门

观荷曲桥

桃红柳绿三月三，郊游国殇圆明园。
当年楼阁无觅处，满目荒草乱石滩。

圆明园坐落在北京西郊海淀区，与颐和园紧相毗邻。始建于康熙四十六年（1709 年），由圆明园、长春园、万春园三园组成，有园林风景百余处，建筑面积逾 16 万 m^2，是清朝帝王在 150 余年间创建的一座大型皇家宫苑。园中有宏伟的宫殿，有轻巧玲珑的楼阁亭台；有象征热闹街市的“买卖街”，有象征农村景色的“山庄”；有仿照杭州西湖的平湖秋月、雷峰夕照；有仿照苏州狮子林的石园；还有仿照古代诗人、画家的诗情画意构筑的景观，如蓬莱瑶台、武陵春色等。1860 年 10 月，圆明园遭到英法联军的洗劫，并付之一炬，写下了中华民族历史上饱含屈辱的一页。

圆明园大门

楼

残桥

美国地锦

金色大道

睡莲

花灯

花船

私家园林

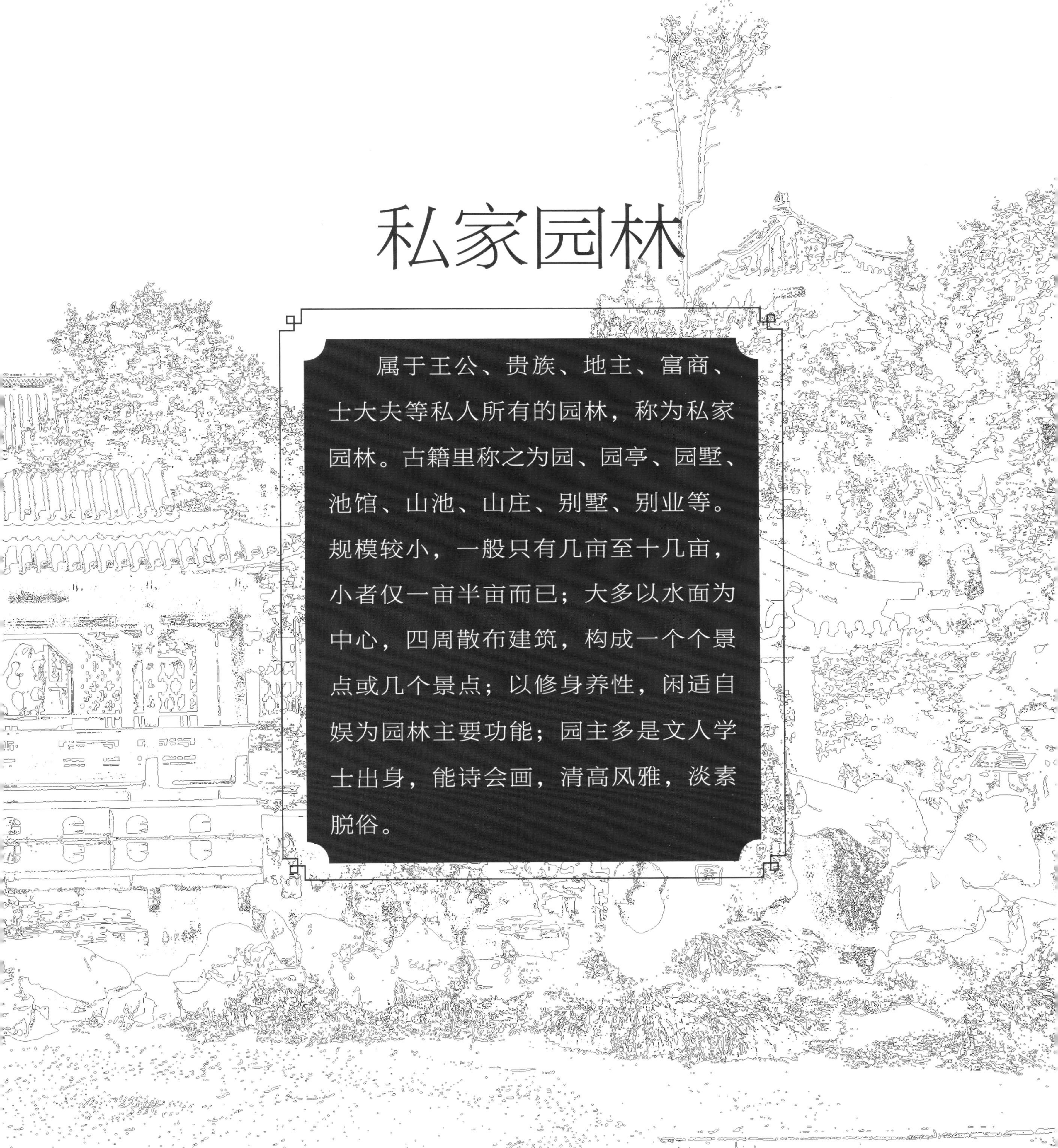

属于王公、贵族、地主、富商、士大夫等私人所有的园林，称为私家园林。古籍里称之为园、园亭、园墅、池馆、山池、山庄、别墅、别业等。规模较小，一般只有几亩至十几亩，小者仅一亩半亩而已；大多以水面为中心，四周散布建筑，构成一个个景点或几个景点；以修身养性，闲适自娱为园林主要功能；园主多是文人学士出身，能诗会画，清高风雅，淡素脱俗。

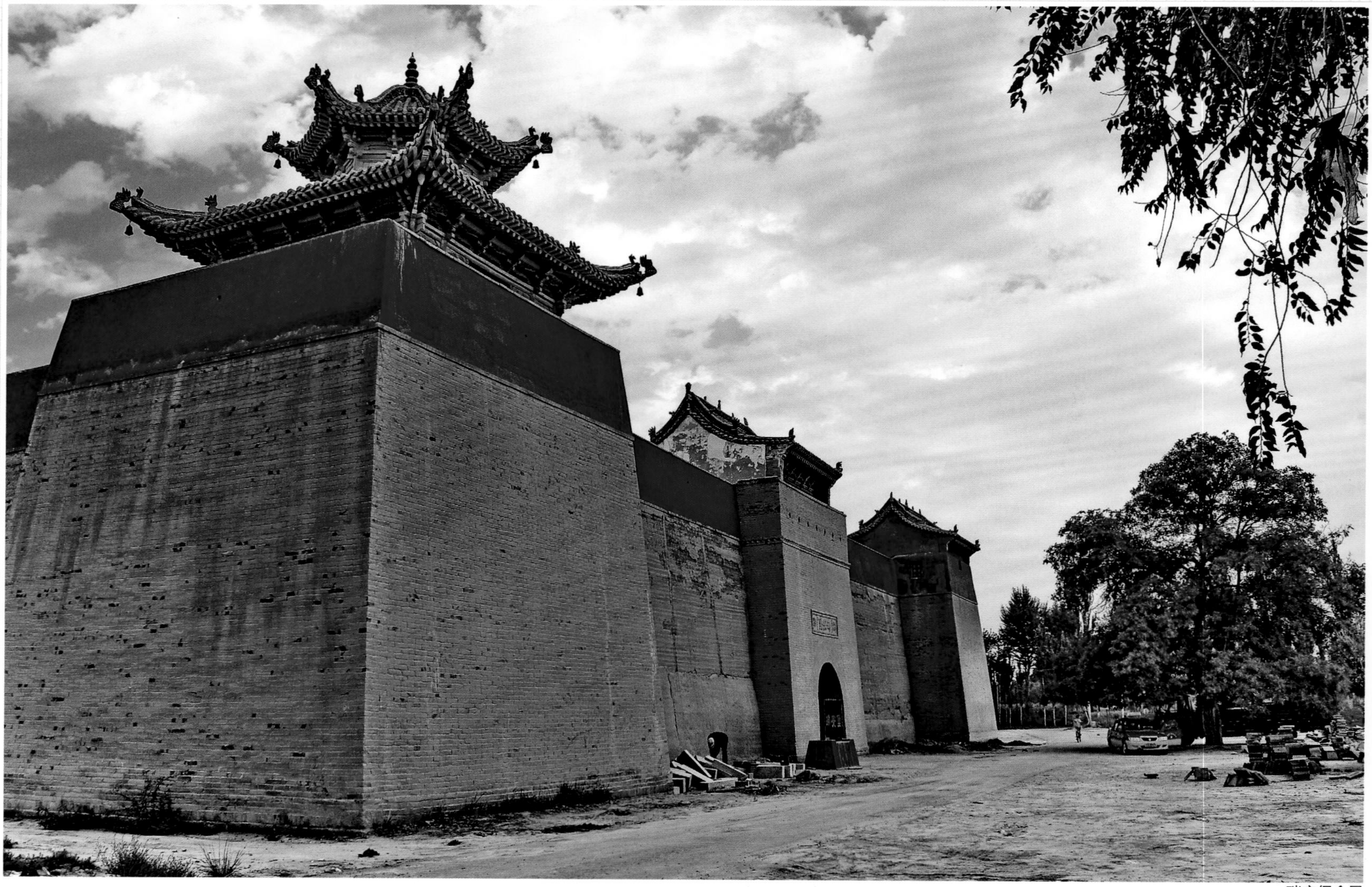
瑞安堡全景

七庭八院当朝一品，碉堡暗道固若金汤。

瑞安堡本是民国初期一位暴富乡绅的私家庄园，建于 1938 年，占地 5 000 多平方米，大小院落 8 个，高脊瓦房 140 多间，亭台楼阁 7 座，墙高 10 m，院内暗道机关无数，与其说是私家豪宅，不如说是防御堡寨。宅院的主人王庆云，字瑞庭。“瑞安”二字乃取祥瑞平安之意。王庆云当年是保安团长，据说是搜刮民财为自己建造了这座庄园，又怕招来乡党嫉恨，处心积虑在院内外修筑了许多防御设施。看得出来，此人虽家财万贯，妻妾成群，日子却过得提心吊胆，战战兢兢。这个浩大的工程完工后，据说建设总计耗资 10 万大洋。1951 年春天，民勤县人民政府在三雷乡召开镇反公审大会，59 岁的王庆云被定为恶霸地主，执行枪决。瑞安堡被充公，交给县粮种场办公使用。

第一进房

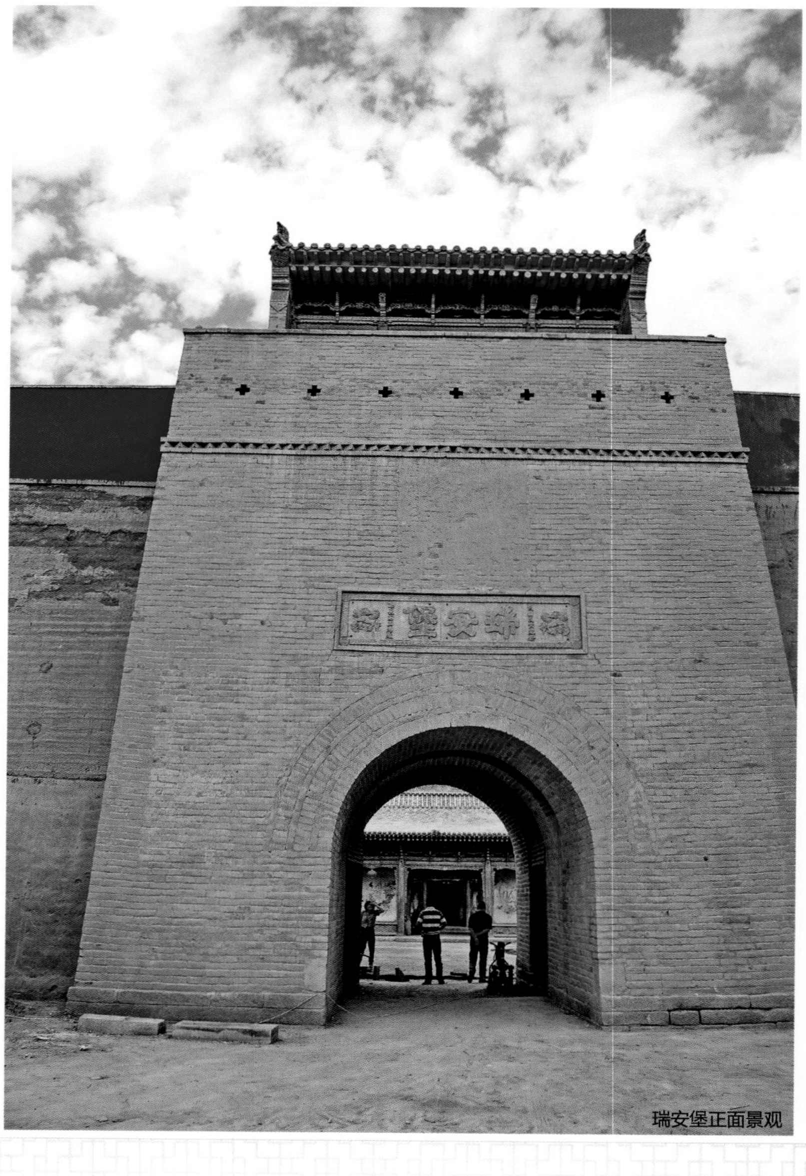
瑞安堡正面景观

边楼远景

角楼内观景观

角楼

楼上楼

右侧大院

天窗

标石

第二进房

任弼时故居

枣园大门

窑洞

革命摇篮所在地，星星之火必燎原。

枣园又名“延园”，原是陕北军阀高双成的庄园，土地革命时期归人民所有。中共中央来延安后，于1941年开始修建，至1943年竣工。共修窑洞二十余孔，平瓦房八十余间，礼堂一座。1943年，毛泽东、张闻天、刘少奇等先后迁居枣园，已成为中共中央书记处所在地。1944年至1947年3月，这里是中共中央书记处所在地。1945年8月，毛泽东由这里赴重庆和国民党进行和平谈判。1947年3月，中共中央书记处从这里撤离，转战陕北。1996年，第五届全国大学生运动会“世纪之火”火炬传递活动采集“革命之火”火种的仪式在枣园隆重举行。枣园已成为全国革命传统教育的重要基地之一。

书记处礼堂

大柳树

领袖塑像

趵突泉

三窟泉水齐上涌，一路奔流大明湖。

趵突泉位于济南市中心区趵突泉南路，南靠千佛山，北望大明湖，面积 158 亩，是以泉为主的特色园林。该泉位居济南七十二名泉之首，被誉为“天下第一泉”。泉池中半浸水中的石碑，上镌三个雄健大字：趵突泉，其中“突”字缺了两点，传说是劲挺柱涌的三股水把“盖子”顶掉了，才使“突”字变成了现在这个样子。“趵”是跳跃的意思，“突”是突出的样子，“趵突”二字形象地表达了泉水日夜喷涌跳跃而出的景象。趵突泉内另有诸多名泉，其中漱玉泉是宋代女词人李清照的故居。趵突泉公园的南大门横匾“趵突泉”三个大字蓝底金字，是清朝乾隆皇帝的御笔，故被人们誉为中国园林“第一门”。

趵突泉大门

雪景

清泉濯尘茶吧

白雪楼雪景

趵突泉夜景

月下趵突泉

枫溪

十笏园全景

山亭柳月多诗兴，水阁荷风入画图。

十笏园是中国北方园林袖珍式建筑。始建于明代，原是明朝嘉靖年间刑部郎中胡邦佐的故宅。后于清光绪十一年（公元 1885 年）被潍县首富丁善宝以重金购得，被称作“丁家花园”。十笏园位于山东潍坊市胡家牌坊街中段，坐北向南，青砖灰瓦，主体是砖木结构，总建筑面积约 2 000 m^2。因占地较小，喻若十个板笏之大而得其名。

聊避风雨楼

忘忧石

听涛

浣霞

郑板桥陈列室

观砚楼

稳如舟

潍坊十笏园博物馆
大门

深柳读书堂

静轩

大义厅

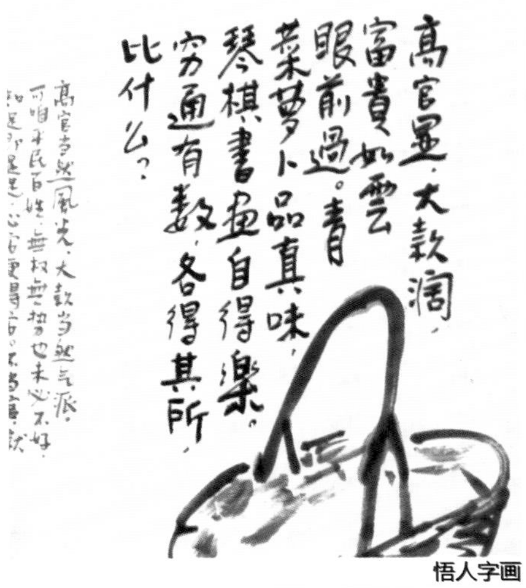
高官显，大款阔，富贵如云眼前过。青菜萝卜品真味，琴棋书画自得乐。穷通有数，各得其所，比什么？
悟人字画

小仓浪

偶园秋色正迷离，福寿康宁石亦奇。
最爱三峰临野壑，林泉意趣更相宜。

偶园原为明衡王府花园，康熙年间为文华殿大学士冯溥所占，冯氏晚年苦心经营，蔚为壮观，一时为青州名胜。在偶园，最使游人感兴趣的当属高大壮观的三峰假山，该山由明末清初著名的叠石家张南垣设计督砌，规模浩大，造型奇特，用了四年多时间建造而成。这座假山浓缩了九州山川秀水，石峰参差，亭台错落，溪流蜿蜒，瀑高潭深，山下有横石桥、瀑水桥、大石桥，使得园内山奇水秀，别有一番情趣，是我国惟一保存完好具有康熙风格的一座人造假山。我国著名园林专家陈从周先生到此考察后给予极高评价，认为具有极高的艺术价值、史料价值和观赏价值，被誉为国宝。

松枫阁

近樵亭

卧云亭

迎客石

福字石

康子石

宁字石

古元宝枫

寿子石

石桥

天波杨府前大门

一门正气壮山河，民族气节荡天波。

天波杨府位于风景秀丽的河南省开封市杨家湖畔，东依北宋皇宫遗址龙亭风景区，西临中国翰园和清明上河园，占地 2.6 公顷，是为纪念和颂扬北宋忠臣杨家诸将业绩，于 1994 年重建的一座仿宋园林楼阁建筑。据史书记载，天波杨府是北宋抗辽名将杨业的府邸，因位于开封城西北隅天波门的金水河旁，故名天波杨府。为表示对杨家世代抗辽报国的敬仰，宋太宗赵光义曾下御旨：“经天波府门，文官落轿，武官下马”。

杨家将戏曲脸谱

水榭厅

演兵场大门

西花园

点将台

孝严祠前战马雕塑

演兵场

演兵场外塑像

又红桥

大门卫士塑像

天波楼大堂塑像

杨公業、佘太君塑像

杨延平、杨延光等塑像

锡惠胜景山门

瑶台倒影参差树，玉镜平开远近山。

寄畅园在无锡市惠山东麓惠山横街。园址原为惠山寺沤寓房等二僧舍，明嘉靖初年（约公元1527年前后）曾任南京兵部尚书秦金（号凤山）得之，辟为园，名“凤谷山庄”。秦金殁，园归族侄秦瀚及其子江西布政使秦梁。嘉靖三十九年（公元1560年），秦瀚修葺园居，凿池、叠山，亦称“凤谷山庄”。秦梁卒，园改属秦梁之侄都察院右副都御使、湖广巡抚秦燿。万历十九年（公元1591年），秦燿因座师张居正被追论而解职。回无锡后，寄抑郁之情于山水之间，疏浚池塘，改筑园居，构园景二十，每景题诗一首。寄畅园属山麓别墅类型的园林。现在寄畅园的面积为14.85亩。南北长，东西狭。园景布局以山池为中心，巧于因借，合乎自然。假山依惠山东麓山势作余脉状。又构曲涧，引“二泉”伏流注其中，潺潺有声，世称“八音涧”，前临曲池“锦汇漪”。而郁盘亭廊、知鱼槛、七星桥、涵碧亭及清御廊等则绕水而构，与假山相映成趣。

戏楼

寄畅园大门

凌虚阁

胜景销魂

游船码头

远眺瑶台胜景

涵虚阁

乾隆下江南

出门见山

苍松翠柏石峰立，清风明月透窗来。

退思园位于江苏吴江同里镇东溪街，为古镇的主要风景点，由清任兰先罢官归乡所建，含“退则思过”之意，故名退思园。退思园总面积为九亩八分。此园一改以往园林的纵向结构，而变为横向建造，左为宅，中为庭，右为园。全园格局紧凑自然，结合植物点缀，呈现出四时景色，给人以清朗、幽静之感。退思园简朴淡雅，水面过半，建筑皆紧贴水面，园如浮于水上，是全国唯一的贴水园建筑。退思园分住宅和园林两部分。宅分内外两部分。外宅有前后三进，由门厅、茶厅、正厅组成。门厅又称轿厅，轿子到此便要停下，轿厅两侧原有“钦赐内阁学士”“凤颍六泗兵备道”“肃静”“回避”四块硬牌执事，一旦重门洞开，自是一片森严，令人为之却步。茶厅为接待一般客人所用，只有正厅才是用来接待高贵客人和操办婚丧喜事的地方。内宅东侧是以主人之号命名的“畹芗楼”，南北两幢，五楼五底，很是气派，为主人与家眷居用。

寻幽

千景湖

船舫

山野叠翠

退思草堂

静观

山门

廊桥雪景

双亭

静思园中奇石云，奇峯怪石世难寻。
百吨巨石高三丈，镇园之宝消人魂。

静思园由吴江民营企业家陈金根先生出巨资建造。1993 年，园主组织了一些能工巧匠开始动工，在苏州园林设计院和同济大学几位著名设计师的指导下，奋斗十年建成，由费晓通先生命名。“静思园”，取意于诸葛亮的“淡泊以明志，宁静以志远”。这是一家仿古园林，不但极具江南古典园林之美，且收集了天下的奇石，多达千余尊，为园林一大奇观。其中最引人注目的是灵璧巨石“庆云峰”。这块采于北宋“花石纲”老坑区的“镇园之宝”，高达 9.1 m，重 136 吨，遍体镂空，可谓灵璧石之最。静思园位于苏州吴江松陵镇与同里镇之间，距同里古镇 4 km，离退思园仅三里之遥，占地 4 公顷多，曲水奇石，波光阁影，四时花木植于墙边厅旁，搭配有致。园中厅堂阁，多为明清老物，静思园还收集了各处拆迁的古屋，如建于明代的四面厅等。

荷仙子

凤雕

环山草庐楼

江南名镇园林第一，天下名人鸿爪无双。

严家花园大门

严家花园位于木渎镇王家桥畔，前身为乾隆年间苏州大名士、诗选家沈德潜“灵岩山居”。 1902 年，木渎首富严国馨购下此园，由香山帮建筑大师姚承祖率巧匠重葺，更名“羡园”，俗称“严家花园”，是古镇内名气最大、造园艺术最高的园林。花园占地 16 亩，中路为五进主体建筑，依次为门厅、怡宾厅、尚贤堂、明是楼和眺农楼。其中位居第三进的尚贤堂为苏州罕见的明式楠木厅，迄今已有 400 多年历史。全园由春夏秋冬四个各具特色的小景区组成，让人感受到一派活泼的江南水乡自然风光。目前严国馨的后代子孙中，知名人士遍布全国各地，其中台湾严家淦在蒋介石逝世后于 1975 年继任国民党第五任总统。

清苑轩

后花园

宜人亭

池岸观鱼

尚贤堂

大厅屋脊雕塑荷仙子

连舫

柳桥

廊桥

蠡园景色露堤南，柳绿荷红醉游人。

无锡蠡园位于无锡市西南2.5 km蠡湖西岸的青祈村，因蠡湖而得名。相传两千多年前的春秋时期，越国大夫范蠡帮助越王灭吴之后，携佳人西施于此泛舟，后人为了纪念范蠡，便以其名命名此湖。蠡湖的湖面狭无锡蠡园一隅窄，面积约有 10 km，相当于杭州西湖的 1.7 倍。三百多米长的宝界桥将蠡湖一分为二，其湖景以逸、以苍凉、以浩荡为胜，雪月烟雨各有佳景。早在民国初年，就建有简朴的“梅埠香雪”“柳浪闻莺”“南堤春晓”“曲渊观鱼”“东瀛佳色”“桂林天香”“枫台顾曲”“月波平眺”等景点，号称“青祁八景”。公元 1927 年，无锡的王禹卿在青祈八景的基础之上，兴建了蠡园。蠡园面积 5.2 公顷，其中水面 2.2 公顷。游人游览蠡园可分三个部分，即中部的假山区、西部的湖滨长堤及四季亭、东部的长廊、湖心亭及层波叠影区。

涵虚亭

方亭

映月桥

藕车

夏亭

远翠阁

奇峰怪石掩映万木竞翠，
身在城郭可享山野之趣。

留园位于江南古城苏州中部，始建于明代，占地 23 300 m^2，代表清代风格，为我国大型古典私家园林，誉称中国四大名园之一。1961年，留园被中华人民共和国国务院公布为第一批全国重点文物保护单位。1997 年，包括留园在内的苏州古典园林被列为世界文化遗产。曾经有一个美国组织欲 20 亿美元购下留园，苏州市政府未予出售。留园的建筑造园特色明显地表现在吸取四周景色，形成一组组层次丰富、错落相连、有节奏、有色彩、有对比的空间体系。留园以其独创一格、收放自然的精湛建筑艺术而享有盛名。

寒山寺西大门

涵碧山房

明瑟楼

清风池馆

濠濮亭

曲溪楼

冠云峰

观音峰

网师园全景

人生万贯不为奇，架上有书乃富翁。

网师园，是苏州典型的府宅园林。它地处苏州旧城东南隅葑门内阔家头巷，后门可达十全街，地方志记载为带城桥阔家头巷 11 号。现为市内友谊路南侧。多路公车（204、501、511、47）可达，与苏州、南园等饭店相距仅几十米。网师园始建于南宋淳熙年间（公元 1174 ~ 1189 年），旧为宋代藏书家、官至侍郎的扬州文人史正志的“万卷堂”故址，花园名为“渔隐”，后废。至清乾隆年间（约公元 1770 年），退休的光禄寺少卿宋宗元购之并重建，定园名为“网师园”。网师乃渔夫、渔翁之意，又与“渔隐”同意，含有隐居江湖的意思；网师园便意谓“渔父钓叟之园”，此名既借旧时“渔隐”之意，且与巷名“王四（一说王思，即今阔街头巷）”谐音。园内的山水布置和景点题名蕴含着浓郁的隐逸气息。乾隆末年园归瞿远村，按原规模修复并增建亭宇，俗称“瞿园”。今“网师园”规模、景物建筑是瞿园遗物，保持着旧时世家一组完整的住宅群及中型古典山水园。

网师园大门

六角亭

观鱼台

假山

通幽

拦翠亭

四壁荷花三面柳，半潭秋水一房山。

拙政园位于苏州市东北街，初为唐代诗人陆龟蒙的住宅，元朝时改为大弘（宏）寺。1509 年，明嘉靖年间御史王献臣仕途失意，归隐苏州后将其买下，聘著名画家、吴门画派的代表人物文征明重新设计，历时 16 年建成，改名拙政园，暗喻自己把浇园种菜作为自己（拙者）的“政”事。400 多年来，拙政园屡换园主。纵观拙政园的造园艺术，明显具有以下四方面特点：(1) 因地制宜，以水见长；(2) 疏朗典雅，天然野趣；(3) 庭院错落，曲折变化；(4) 园林景观，花木为胜。早期王氏拙政园三十一景中，三分之二的景观取自植物题材。拙政园的园林艺术，在中国造园史上具有重要的地位，它代表了江南私家园林一个历史阶段的特点和成就，被誉为我国四大名园之首。

远香堂

秫香馆

梧竹幽居

三十六洲鸳鸯馆

松风水阁

香洲远景

雪香云蔚亭

香洲近景

雷听阁

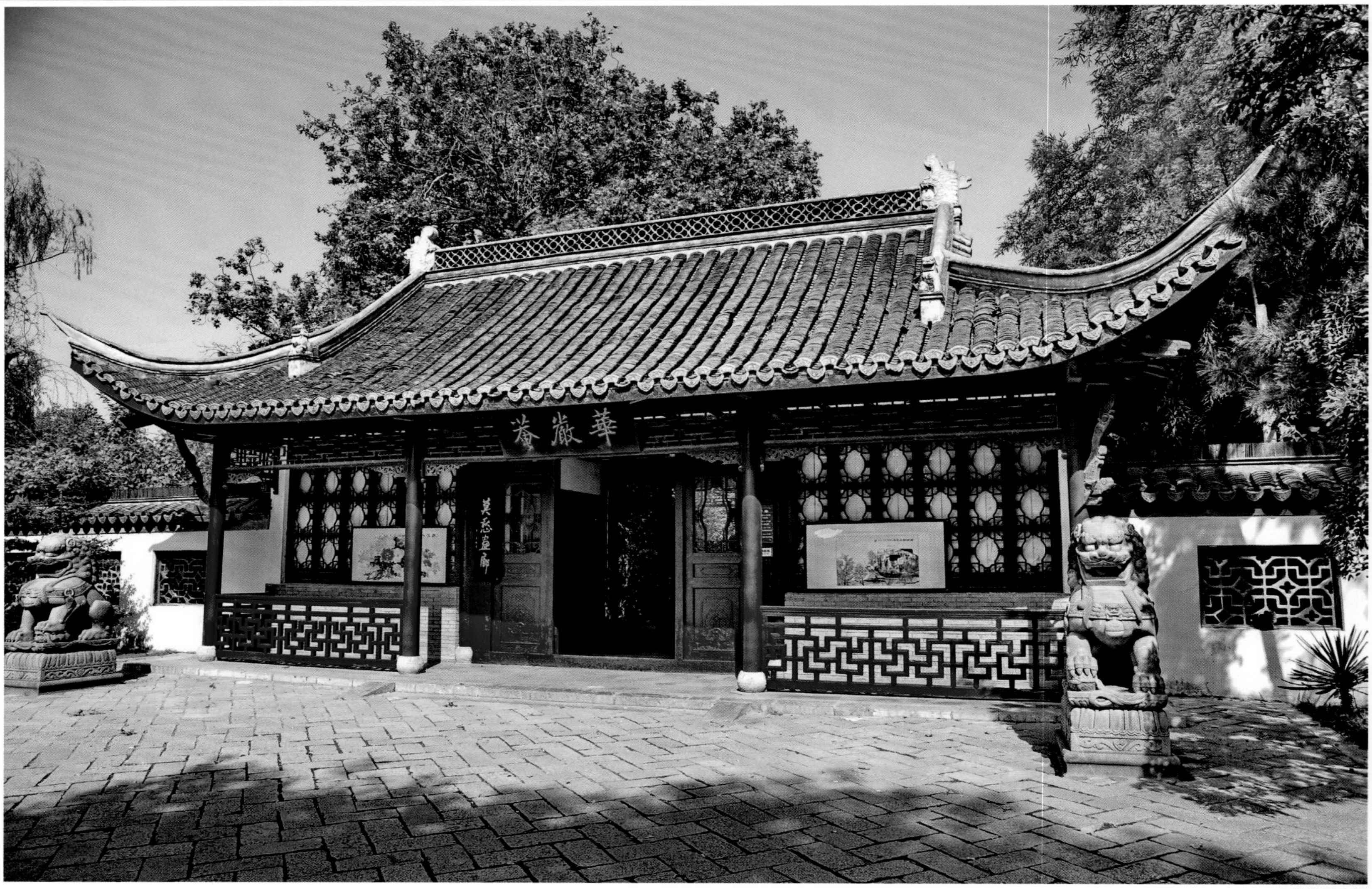

华嚴庵大门

风花雪月任君赏，人生何需自多愁。

莫愁湖，位于南京秦淮河西。莫愁湖公园是一座有着 1500 年悠久历史和丰富人文资源的江南古典名园，为六朝胜迹。公园现有面积为 58.36 公顷，其中水面为 32.36 公顷。园内楼、轩、亭、榭错落有致，堤岸垂柳，水中海棠。胜棋楼、郁金堂、水榭、抱月楼、曲径回廊等掩映在山石松竹、花木绿荫之中。莫愁湖自古有“江南第一名湖”“金陵第一名胜”“金陵四十八景之首”等美誉。莫愁湖古称横塘，因其依石头城，故又称石城湖。相传南齐时，有洛阳少女莫愁，因家贫远嫁江东富户卢家，移居南京石城湖畔。莫愁端庄贤惠，乐于助人，后人为纪念她，便将石城湖改名为莫愁湖。后在她的故居郁金堂侧赏荷厅的莲花池内，塑起了一尊 2 m 高的汉白玉雕像，现已成为南京标志性景点之一。

抱月楼

残荷

粤军将士纪念碑亭

胜棋楼院

莫愁女塑像

莫愁庵

一览阁

延晖亭

瞻前顾后皆妙景，怀古赏新两相宜。

江南四大名园之一的南京瞻园是南京现存历史最久的一座园林，已逾 600 高龄。瞻园位于南京市瞻园路 208 号，又称大明王府和太平天国历史博物馆。明朝初年，朱元璋因念功臣徐达“未有宁居”，特给中山王徐达建成了这所府邸花园。清初改为江宁布政使司衙门，乾隆皇帝南巡时，曾两度到瞻园游览，并亲笔题写了“瞻园”匾额。现仍留存的石矶及紫藤，距今已有六百多年历史。1853 年太平天国定都南京后，这里先后为东王杨秀清和夏官丞相赖汉英的王府花园。清同治三年（公元 1864 年）太平天国天京保卫战，该园毁于兵燹。同治、光绪年间两次重修，但园景远不及旧观。1960 年，我国著名古建专家刘敦桢教授主持瞻园的恢复整建工作，不仅保留了原有的格局特点，而且还充分地运用了苏州古典园林的研究成果，推陈出新，创造性地继承和发展了我国优秀的造园艺术。

湖面

亭、舫相望

环碧山房

岁寒亭

移山草堂

回廊

环碧山房木雕画

内门

延安殿

个园大门

春夏秋冬山光异趣，风晴雨露竹影多姿。

个园由清代嘉庆年间两淮盐业商总黄至筠在明代“寿芝园”的旧址上扩建而成。个园是以竹石取胜，连园名中的“个”字，也是取了竹字的半边，应合了庭园里各色竹子，主人的情趣和心智都在里面。此外，它的取名也因为竹子顶部的每三片竹叶都可以形成“个”字，在白墙上的影子也是“个”字。个园运用不同石料堆叠而成“春、夏、秋、冬”假山四景：“春景艳冶而如笑，夏山苍翠而如滴；秋山明净而如妆，冬景惨淡而如睡”。个园旨趣新颖，结构严密，园内山峰挺拔，给人以假山真味之感。园中有宜雨轩、抱山楼、拂云亭、住秋阁、透月轩等建筑，与假山水池交相辉映，配以古树名木，更显古朴典雅。

清漪亭

观景台

曲廊翠影

抱

曲廊

夏山

金竹映翠

万竹竞翠

白花映翠

竹石图

豫园门前　喷泉

奇秀甲江南，清幽冠九州。

豫园位于上海老城厢东北部，北靠福佑路，东临安仁街，西南与老城隍庙、豫园商城相连。它是老城厢仅存的明代园林。园内楼阁参差，山石峥嵘，湖光潋滟，素有“奇秀甲江南”之誉。豫园始建于明嘉靖年间1559年，距今已有四百余年历史。它原是明朝一座私人花园，园主潘允端是明刑部尚书潘恩之子。嘉靖三十八年（1559年），潘允端以举人应礼部会考落第，萌动建园之念，占地30余亩。园内有穗堂、大假山、铁狮子、快楼、得月楼、玉玲珑、积玉水廊、听涛阁、涵碧楼、内园静观大厅、古戏台等亭台楼阁以及池塘等四十余处。

竹林

玉玲珑

听涛阁

仰山堂

长廊

长廊小酣

古戏台

鱼乐榭

豫园大门

豫园市场街景

豫园门外　紫禁城

桥

曲院风荷标石

接天莲叶无穷碧，映日荷花别样红。

曲院风荷原名曲院，位于金沙涧（西湖最大天然水源）流入西湖处。南宋这里辟有宫廷酒坊，湖面种养荷花。夏日清风徐来，荷香与酒香四下飘逸，游人身心俱爽，不饮亦醉。南宋画家马远等品题西湖十景时，把这里也列为“十景之一”。清朝康熙皇帝亲书“曲院风荷”四字，立碑建亭。旧时的曲院风荷，仅一碑一亭半亩地。近年经过扩建，现在的曲院风荷包括岳湖、竹素园、风荷、曲院、湖滨密林区 5 个景区，面积达 426 亩，成为西湖环湖地区最大的公园。

曲桥

荷碧柳烟

古树名木伴佳景

亭台处处透西湖，楼阁虽多不挡山。
春花秋月任你赏，杭州西湖第一园。

汪庄位于西湖南岸，原为安徽富商汪自新所建中式别墅湖景园林。建于民国初年，以“春花秋月”为意趣，把亭台楼阁、假山石洞、泉溪池沼及奇花异卉布置得极具匠心。进庄后的大草坪使人豁然开朗，草坪四周乔灌木巧妙配植，加上起伏的地形，空间分隔，增添了幽静感。庄后山丘上的雷峰塔使得空间以无限延伸。放眼看去，建筑似在草坪之外、山丘之下、湖池之上；小院曲户，粉墙花影。主体建筑宾馆各处均可透视湖山胜景。晨餐朝晖，夕枕落霞，坐卧其间，小中见大。新中国成立后的汪庄，经著名建筑师改建，更名为西子国宾馆，接待国内外名流。

全景

景区大门

湖岸别墅别情致

面临西湖百船过

假山砖塔巧组合

南依雷峰塔

宽阔草坪

皇宫

皇宫泛指古代君主、后妃、皇族所居住的房屋。皇宫根据各国的环境情况而不同，如欧洲的皇宫不少被设计成城堡、堡垒形式，亚洲的皇宫有些设计成寺庙、塔状的形式。大多数的皇宫都建在首都，中国历代的王朝以及各个地方政权都分别建造有自己的皇宫，又因为各朝都建有行宫，因此皇宫遍布中国各地。

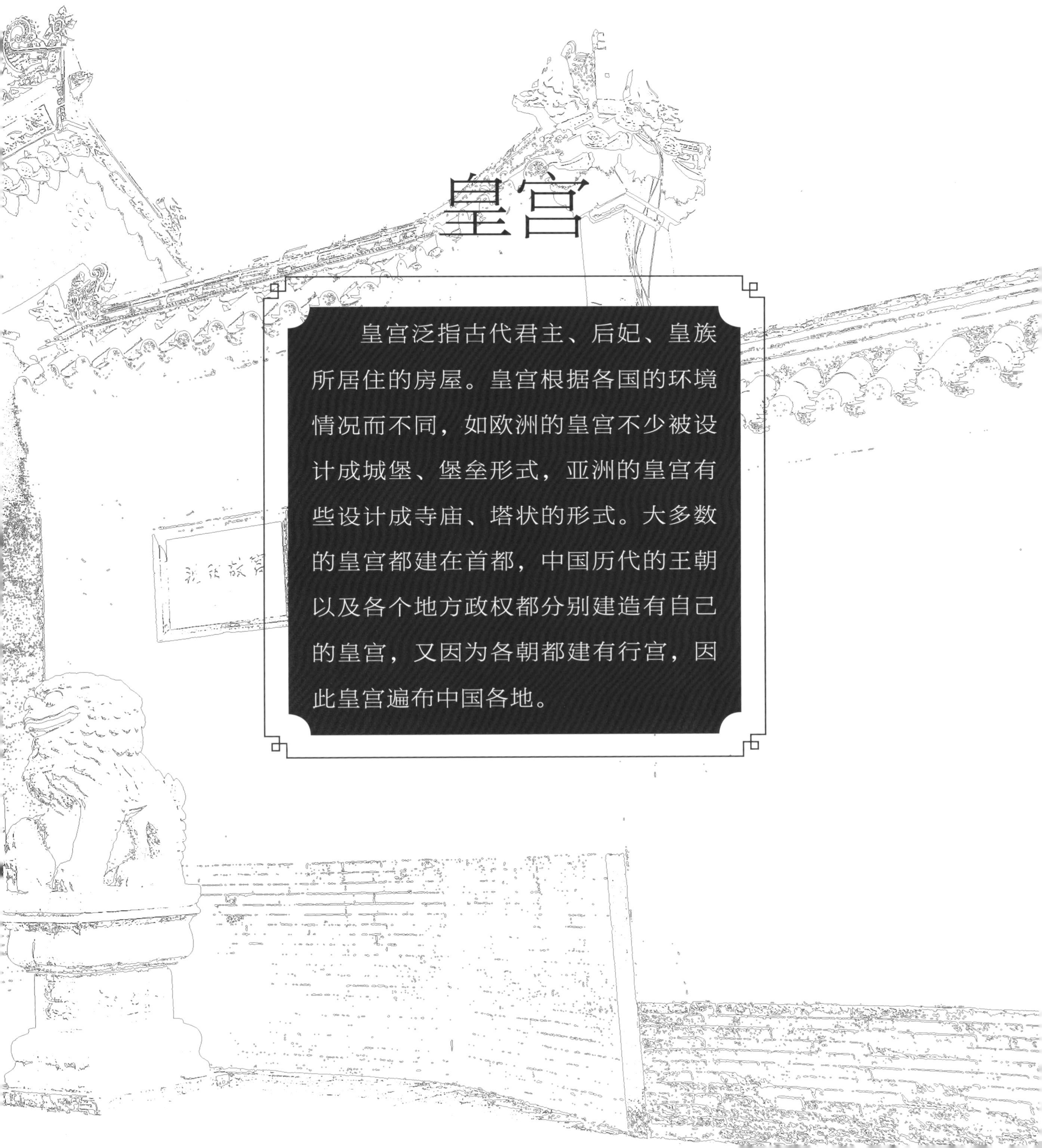

大门

宫殿林立富丽堂皇，文武牌坊雄伟壮观。

沈阳故宫位于沈阳市沈河区，史称盛京皇宫，始建于 1625 年，是后金和清初的皇宫，占地约 6 万 m^2。后金天命十年（1625 年），努尔哈赤将都城迁移至明沈阳中卫城，同年开始在沈阳城中心部位偏东南角的位置修筑宫殿，即现存的大政殿和十王亭。1626 年，皇太极继承后金汗位，用 5 年的时间对盛京城和皇宫进行了改建，在其原来王府的基础上修建了新的大内宫殿，将皇宫置于城池的中央。1636 年，皇太极在此即位称帝，改国号为清。清朝入关后，迁都北京，沈阳故宫成为陪都行宫。康熙帝和乾隆帝东巡祭祖期间，曾在此居住。

石景

戏楼

大政殿

花园假山

凤凰楼

崇政殿

颐和殿

东巡行宫

殿内龙墩

龙墩

故宫全景

富丽堂皇金銮殿，雄伟壮观皇宫墙。五百春秋沧桑过，明清二十四帝王。

神龟

故宫位于北京市中心，旧称紫禁城，为明、清两代的皇宫，是世界现存最大、最完整的古建筑群。前后历经五百年，更替明清二十四帝。始建于公元 1406 年，占地面积 78 万 m^2，有房屋 9999 间半，用 30 万民工，共建了 14 年。主要建筑有太和殿、中和殿和保和殿。午门是紫禁城的正门，当中的正门平时只有皇帝才可以出入，皇帝大婚时皇后可以进一次，殿试考中状元、榜眼、探花的三人可以从此门走出一次。故宫宫殿是沿着一条南北向中轴线排列，前三殿、后三宫、御花园都位于这条中轴线上，并且左右对称。当年所用木头多从四川、贵州运来；所用石料多采自北京远郊二三百里的山区，最大一块云龙雕石重约 250 吨。故宫最大的殿是太和殿，坐落在紫禁城对角线的中心。屋顶玻璃瓦件不仅光彩亮丽，而且塑造出龙凤、狮子、海马等动物形象，有力地烘托出大殿雄伟壮观、富丽堂皇的气势。故宫出于安全考虑，所有房屋不设窗户，前院三大殿范围一律不栽树。

保和殿

故宫初雪

故宫北门—神武门

角楼雪景

御景亭

午门广场

朝门

三十六丈龙亭高，七十二级石台阶。

龙亭位于开封市城内西北隅，是北宋王朝的皇宫，达 167 年之久，宫殿建筑辉煌。金人侵占开封时，宋皇宫建筑大部分被烧毁，仅留下这座龙亭。龙亭坐北朝南，高踞在台基之上。从地面到大殿有 36 丈高，代表 36 天罡；72 级台阶代表 72 地煞。台阶中间是雕有云龙图案的石阶。登上平台，有一木结构大殿（俗称龙亭），重檐歇山式建筑，极为壮观。从龙亭前的大道，过潘、杨两湖，再往南，仍是一条笔直的御道，现在这条大道已仿照《清明上河图》的模式改建为“宋都御街”，长约 400 m，两旁的店铺全部是仿宋建筑。

嵩呼门

龙亭侧面景观

盛花石楠大树

龙亭正面景观

缠枝莲婴 戏纹石缸

龙亭大殿帝王蜡像

天妃宫大门

郑和远洋万千里，感恩妈祖佑平安。

明永乐五年（1407年），郑和第一次下西洋顺利归来，明成祖朱棣为感谢天妃保佑海上平安，赐建“龙江天妃宫”于狮子山麓。永乐十四年（1416年）朱棣又为天妃宫题写《御制弘仁普济天妃宫之碑》一文。据记载，“天妃宫前后殿宇、房屋七十九间，周围外墙计一百八十一丈余”。清咸丰以后，天妃宫屡遭毁坏，昔日宏丽荡然无存。1937年冬，日军侵占南京城，天妃宫再次全部毁于战火之中，仅存天妃宫碑。1996年扩建“静海寺旧址”时，将天妃宫碑移至静海寺内。天妃宫碑碑座及碑额雕刻精美、书法秀丽，是国内现存最大的郑和下西洋刻石，也是现存妈祖碑刻中的极品，更是全世界范围内妈祖文化最高规格的文化遗存，具有重要的历史文化和宝贵的书法艺术价值。为纪念郑和下西洋600周年，2004年7月，南京市开始重建天妃宫，2005年5月3日，天妃宫落成，5月4日对外开放。

地藏殿

观音殿

天妃殿

古建筑群

御碑楼

天妃香案

右天神

左天神

观音佛像

大钟

天妃塑像

北镇玄都牌坊

金碧辉煌全铜铸，工程耗铜二百吨。

金殿初建于明万历三十年（1602年），由云南巡抚陈用宾仿照湖北武当山天柱峰的太和宫及金殿样式建造，供奉北极真武大帝，周围建砖墙保护，有城楼、宫门等建筑，称太和宫。崇祯十年（1637年），由巡抚张凤山将铜殿拆运至宾川鸡足山。现存金殿为清康熙十年（1671年）平西王吴三桂重建。金殿为方形，边长6.15 m，高6.7 m。所有梁柱、斗拱、门窗、瓦顶、供桌、神像、帏幔、匾额、楹联乃至台基左右待亭以及旗杆、七星旗等仿木构件全部用铜铸成或锻成。总重约200吨。整个建筑雕刻细腻，比例匀称，造型美观，且极其精细逼真地模仿了重檐歇山式木构古典建筑。殿基边沿环绕大理石雕凭栏，台阶、御路、地坪皆大理石砌成；殿前还有明代所植紫薇二株、茶花一树。

三天门

魁星楼

太和门

金殿东路大门

金殿

金殿西路大门

太和殿

龙凤缸

寺

寺，又称寺院、佛寺，梵文称为伽蓝，禅宗则多称为丛林，是佛教的宗教建筑物，也是僧伽居住、修行的地方。佛寺中常有佛塔。佛寺的管理者称为住持，尊称为方丈。

极乐寺大门

圆比丘普同塔

极乐寺塔

大雄宝殿

舍利殿

千佛塔

佛光普照九洲康泰，法智圆明四海升平。

极乐寺坐落在哈尔滨市南岗区东大直街尽头，是老哈尔滨龙脉所在，建于公元1923年，占地面积57 000 m^2。极乐寺是东北三省的四大著名佛教寺院之一，寺院坐北，面南临街。极乐寺的牌匾题字出自清末著名实业家张謇。进入山门，首先见到的是钟楼二楼。庙庭内，横向分主院、东跨院、西跨院三部分。主院建筑1 800余平方米，分四重大殿：一为天王殿，二为大雄宝殿，是全寺最大的殿，供释迦牟尼；三为三圣殿，四为藏经楼。天王殿前方左右为钟鼓楼。院内两侧尚有配殿。该寺为黑龙江最大的近代佛教寺院建筑。东院内建有著名的七级浮屠塔。

卧佛殿卧佛

释迦牟尼大佛

大雄宝殿

慈航普度殿

经年为客倦，半日与僧闲。
更共尝新茗，闻钟笑语间。

普照寺座西北朝东南，山门原是牌坊式建筑，落成于 1988 年。1995 年拆除扩建成山门殿，重楼式屋顶，覆以黄色琉璃瓦，高 13 m，面积 145 m^2。殿中供奉着弥勒佛、韦陀菩萨及四大天王。其中弥勒佛坐像高 1.5 m，手握佛珠，笑逐颜开；韦陀菩萨高 2 m，手执金刚杵，英姿威武，均由汉白玉雕凿而成；四大天王各高 3.5 m，墨玉雕成，饰以重彩，形态逼真。山门殿两侧各开有一扇小门可供游人出入。钟鼓二楼左右峙立，八角形，直径约 5 m，高 11 m，飞檐翘角，上覆以黄色琉璃瓦，显得小巧玲珑。与钟鼓二楼相连的是左右各长 44 m、宽 5 m、高 6 m 的半封闭的画廊，墙上嵌有四大佛山全景的大型油画。画前砌有 1 m 高的案台，上面依次供奉着 108 尊观世音菩萨示现的各种形象，墨玉雕就，饰以彩绘，高矮胖瘦不一，神态各异。寺院供奉的 108 尊观世音菩萨玉石雕像据说在全国独此一家。

毗卢殿

禅寺山门

千佛塔

鼓楼

荷包牡丹

观音廊

玉佛

密宗护法大殿

银佛八尺通殿高，喇嘛古城第一召。

呼和浩特大召寺，汉名“无量寺”，蒙语意为“大庙”，位于呼和浩特市玉泉区大召前街，面积约 3 万 m^2。始建于明朝万历七年（1579 年）。清代崇德五年（1640 年）重修后，定名为无量寺。大召寺是呼和浩特（俗称召城）建造的第一座喇嘛教召庙。数百年来，一直是内蒙古地区藏传佛教的活动中心和中国北方最有名气的佛刹之一。因寺内供奉有一尊高 2.5 m 的纯银释迦牟尼佛像，故又有“银佛寺”之称。沿中轴线建有牌楼、山门、天王殿、菩提过殿、大雄宝殿、藏经楼、东西配殿、厢房等建筑。大雄宝殿为寺内的主要建筑，采用了藏汉结合的建筑形式，整个殿堂金碧辉煌，庄严肃穆。大召的珍藏品极为丰富，堪称大召“三绝”的是银佛、龙雕、壁画。

大殿屋脊佛轮

玉佛殿

门牌楼

菩萨殿

大召大门

玉佛殿侧面景观

大殿侧面景观

殿堂立柱装饰

吉祥八塔

雪狮

白象

菩萨佛像

菩萨坐像

大殿正佛像

玉佛塑像

大殿众佛像

菩萨殿内景观

玉佛面目

大殿壁画

殿内多人壁画

殿内双人壁画

藏汉合璧千人大经堂

金碧辉煌大经堂，雄伟壮观喇嘛塔。

席力图召位于呼和浩特市中心，呼和浩特市规模最大的寺庙。其始建于明万历年间（1573 ~ 1620 年）。席力图为藏语“首席”或“法座”之意。席力图一世呼图克图（活佛）希体图噶因深谙佛教典籍，并精通蒙古、藏、汉三种文字，受到顺义王阿勒坦汗的推崇，召中香火日盛。组成中轴线的建筑物是牌楼、山门、过殿、经堂、大殿。大殿采用藏式结构。四壁用彩色琉璃砖包镶，殿前的铜铸鎏金宝瓶、法轮、飞龙、祥鹿与朱门彩绘相辉映，富有强烈的艺术效果。康熙御制“平定噶尔丹纪功碑”立于大殿前列。经堂广厦 7 楹，金碧辉煌。召庙东南隅有白石雕砌覆钵式喇嘛塔，高 15 m，颇为雄壮。中轴线两侧还建有钟楼、鼓楼、亭、仓、舍等。寺院设施基本齐全。

大堂匾额兼用汉满蒙藏文

菩提过殿

御碑亭

席力图召大门

喇嘛塔近景

大堂内佛像

大堂采用藏传佛教风格

慈灯寺

一砖一佛万佛塔，塔上有塔五塔寺。

五塔寺位于呼和浩特市旧城东南部，原名金刚座舍利宝塔，因塔座上有五座方形舍利塔，故名为五塔寺。塔始建于清雍正年间，高约 16 m，塔身均以琉璃砖砌成，塔身下层是用三种文字刻写的金刚经经文，上层则为数以万计的鎏金小佛，刻工精巧，玲珑秀丽。金刚座舍利宝塔的基座高约 1 m；金刚座为束腰须弥座，其束腰部雕刻有狮、象、金翅鸟和金刚杵等图案，束腰的上面为七层短挑檐。第一层的檐下为三种文字（蒙、藏、梵）雕刻的金刚经全文，从第二层到第七层的檐下为各种姿态的镏金佛像，共计 1119 尊。五座舍利小塔位于亭子的北边，最中间的舍利小塔为七层出檐，四隅的舍利小塔为五层出檐，五座塔身上均镶嵌有佛像、菩提树、景云等砖雕。

正视五塔

斜视五塔

五塔寺远景

西配殿

喇嘛庙

庙檐法轮、金鹿等藏传佛教装饰

殿内佛像

殿内右墙壁画

殿内左墙壁画

塔身中部雕刻各种佛像

五当召全景

第二殿外景

第一殿外景

和气四瑞雕塑

绿柳环宫，眼前色相皆成幻。白莲为庙，静里乾坤不计春。

——周渊龙《题五当召》

五当召原名巴达嘎尔庙，藏语巴达嘎尔意为“白莲花”，位于内蒙古包头市东北约 70 km 的五当沟内。它与西藏的布达拉宫、青海的塔尔寺和甘肃的抗卜楞寺齐名，是我国喇嘛教的四大名寺之一。始建于 1662 ~ 1722 年，乾隆十四年（1749 年）重修，赐汉名广觉寺。主要建筑坐落山谷内一处凸出的山坡上，包括苏古沁独宫、洞阔尔独宫、当圪希独宫、却衣林独宫、阿会独宫、日木伦独宫、甘珠尔府、章嘉府、苏波尔盖陵等，两侧还有一座座喇嘛居住的房舍。鼎盛时期庙内喇嘛有千多人。苏古沁独宫坐落全庙的最前部，是举行全体集会诵经的场所。宫内陈设富丽堂皇，经堂内的立柱全用龙纹的栽绒毛毯包裹，地上满铺地毯，墙壁绘有彩色壁书，后厅及二、三层内供奉释迦牟尼、宗喀巴及历代佛师。

殿内活佛照

五当召附近蒙古包

殿内佛像

殿内佛像

五泉山山门

大雄宝殿

庙内无僧风扫地，寺中少灯月照明。

兰州浚源寺位于甘肃省兰州市五泉山，又名“崇宁寺”，为汉传佛教寺院，始建于元朝，距今已有六百余年历史。元、明之际，该寺在社会动荡中趋于废圮，明洪武五年（1372 年）重建，旋复衰微。明永乐年间，肃王朱英再次重建。此后该寺数经兴废，至民国八年（1919 年），由济尔炘出面发动信众捐资重建大雄宝殿，进行了较大规模的修整。该寺殿宇巍峨，布局严谨。现存的主要建筑有大雄宝殿、东西配殿及金刚殿等。寺中供奉的接引铜佛，为明洪武三年（1370 年）所铸，法相端庄慈祥制作精良，堪称镇寺之宝。这尊佛像及该寺现存永乐大铁钟，均为省级文物。此外寺院庭宇中尚挺立着一株明朝古槐，树龄达六百余年，至今老干婆娑，掩映于梵刹间。

龙柱

凤柱

寺门

孔子塑像

霍去病塑像

孙中山纪念堂

万源阁

钟楼

六百年古槐

释迦牟尼佛

侧殿

大雄宝殿

藏经楼

草乱遗庵废，珠明旧相圆。
丰碑传异事，细字刻诚悬。

圣容寺，又名大寺庙。位于民勤县城西南隅，坐北向南，东西宽 50 m，南北长 118 m，占地面积 7 900 m^2。寺内建筑有山门、大雄宝殿、三圣殿（即中殿）、藏经阁、鲁班殿、观音堂和前中圣容寺、后三院陪殿及僧舍。“文革”当中，该庙遭到很大破坏，后经恢复修缮，现前院为民勤县圣容寺佛教协会和尚占用，进行佛事活动。中、后两院为民勤县博物馆使用。

天王殿

天王

大殿屋脊装饰

寺门远景

苍青掩映白塔林立，佛城会盟永载史册。

武威白塔寺，藏语称作“谢尔智白代”，即东部幻化寺，为藏传佛教凉州四寺（白塔寺、莲花山寺、海藏寺、金塔寺）之一。位于甘肃省武威市武南镇白塔村刘家台庄（武威市东南20 km处），海拔1 500 m。白塔寺是西藏宗教领袖萨迦班智达（萨班）与蒙元代表、西路军统帅阔端举行“凉州会谈”的地方，也是后来萨班圆寂之地。这一历史性的会谈决定了西藏正式成为中国元朝中央政府直接管辖下的一个行政区域，标志着西藏从此纳入了中国版图。白塔寺和萨班灵骨塔于元末遭兵燹被毁，明清时期先后重建、修缮，后于1927年毁于大地震，现仅残存高8 m、边长14 m的萨班灵骨塔。白塔寺遗址由寺院、塔院、塔林等建筑构成。规模宏大壮观，金碧辉煌，是元代时凉州最大的藏传佛教寺院，号称“凉州佛城”。塔院中萨班灵骨塔为主体建筑。

寺门近景

凉州会盟雕塑

错落有致

萨班灵骨塔

西塔林

[illegible]

凉州会盟纪念馆

山门

地狱未空誓不成佛，众生度尽方证菩提。

海藏寺位于武威城西北 2 km 处，是现存比较完整的一处古建筑，占地 11 600 m^2，是河西的名刹古寺，属省级重点文物保护单位。寺内山门、大殿、灵钧台、天王殿、无量殿等保存完整。现海藏寺外已开辟为海藏公园。站在灵钧台上，放眼望去，湖水碧波荡漾，弯曲的小河清澈见底，沿河两岸野花盛开，钻天白杨，婆娑垂柳，风摇芦苇，构成一幅动人的画面，是文物风景结合的游览胜地。海藏寺，始建于晋，距今已有 1700 多年历史。元朝时藏传佛教萨迦派第四代祖师萨班借到凉州之机，捐资扩建修缮了海藏寺等凉州四大寺，成为藏传佛教寺院。

凉州城楼

海藏寺牌坊

大雄宝殿

三圣殿

普贤菩萨

观音菩萨

石炉

文殊菩萨

释迦牟尼佛

地藏王

阎王

大雄宝殿

天王殿

香绕雷音寺，驼铃响鸣沙。
钟声荡耳边，君已在天涯。

雷音寺位于古丝绸之路的重镇——甘肃敦煌市南 4 km 处鸣沙山下，月牙泉边。这是从长安往西域唯一一所叫“雷音寺”的寺院。它自古就是东西交通的枢纽，也是中西文化的交汇处和中转站。从晋到宋代，是西域大德弘扬佛法驻锡云游之处，更是中原高僧从陆路西行求法的必经之地。竺法护、法显、鸠摩罗什、玄奘等高僧大德都在这里留下了永不磨灭的踪迹。所以，这个吉祥安宁的胜地在唐代时就有“善国神乡、佛国圣地”的美誉。雷音寺现是敦煌市境内规模最大的佛教活动场所。莫高窟珍藏的《唐敕河西都僧统洪辩告身碑》中已提及“古雷音”，所以初创年代应在唐代之前。晚唐至宋代沿鸣沙山北麓，西起月牙泉，东至莫高窟，三里一座庙，五里一座桥，塔寺林立，袈裟遍覆，统称为“西天古雷音”。由于时光的冲刷、生态的变迁，只剩下一点遗迹。

全铜香炉

古寺山门

高香

释迦牟尼佛

莲花香炉

天王

佛恩护佑牌坊

睡佛长睡睡千年不醒，问者长问问百年不明。

大佛寺始建于西夏永安元年（1098 年），寺内安放有国内最大的室内卧佛，也就是佛祖释迦牟尼的涅槃像。它安睡在大殿正中高 1.2 m 的佛坛之上，佛身长 34.5 m，肩宽 7.5 m，耳朵约 4 m，脚长 5.2 m。大佛的一根中指就能平躺一个人，耳朵上能容八个人并排而坐。大佛寺景区位于甘肃省张掖城西南隅，是丝绸之路上的一处重要名胜古迹群。它又是历史文化名城金张掖的标志性建筑，为西北内陆久负盛名的佛教寺院。它素称“塞上名刹，佛国胜境”。

塞上禅林牌坊

佛法无边牌坊

大佛寺山门

卧佛大殿

佛像壁画

土塔近景

土塔正面佛像

卧佛面容

土塔侧面观音佛像

禅寺全景

无缘难入大乘门，有福方登三宝地。

大雄宝殿

海宝塔寺，位于银川城区西北 1.5 km 许，坐西向东。进入山门，是天王殿和大雄宝殿，其后高台上是海宝塔，再由塔座之后，跨过天桥，可通向另一高台上的韦驮殿、卧佛殿，二殿与两侧厢房又组成一个天井小院。海宝塔方形，九层十一级楼阁式砖塔，通高 53.9 m。塔建在一处方形宽阔的台基地上，台高 5.7 m。塔身内为上下相通的方形空间，沿木梯可登至顶层。塔身四面转角处均悬有风铃。塔上端为砖砌四角攒尖顶，顶上置方体桃形绿色琉璃塔刹。

山寺大门

塔门

宝塔近景

宝塔风铃

宝塔全景

释迦牟尼佛

古法门寺老院

浮图矗萧寺，梵响振灵台。

法门寺位于陕西省扶风县城北 10 km 处的法门镇，始建于东汉桓灵年间，即公元前三世纪。阿育王统一印度后，为弘扬佛法，将佛的舍利分成八万四千份，分送世界各国建塔供奉。当时中国分得十九份，法门寺为第五处。1981 年 8 月 24 日，宝塔半边倒塌。1986 年政府决定新建佛光大道，1987 年 2 月底重修原寺宝塔。当时适逢四月初八佛诞日，从佛塔地宫发掘出沉寂了 1113 年之后的 2499 件大唐国宝重器，簇拥着佛祖真身指骨舍利而重现人间，从而使法门寺名声大震，成为海内外著名佛寺。

大妙相菩萨

舍利塔

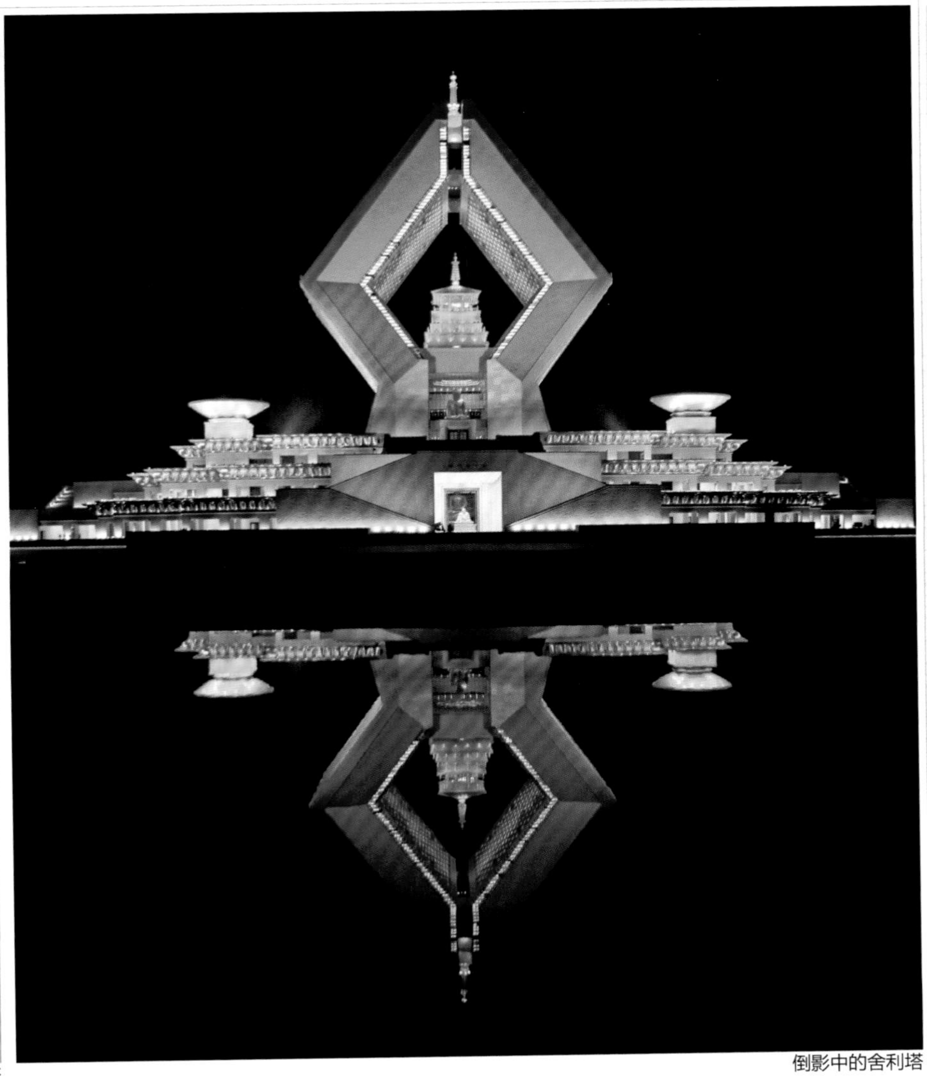
倒影中的舍利塔

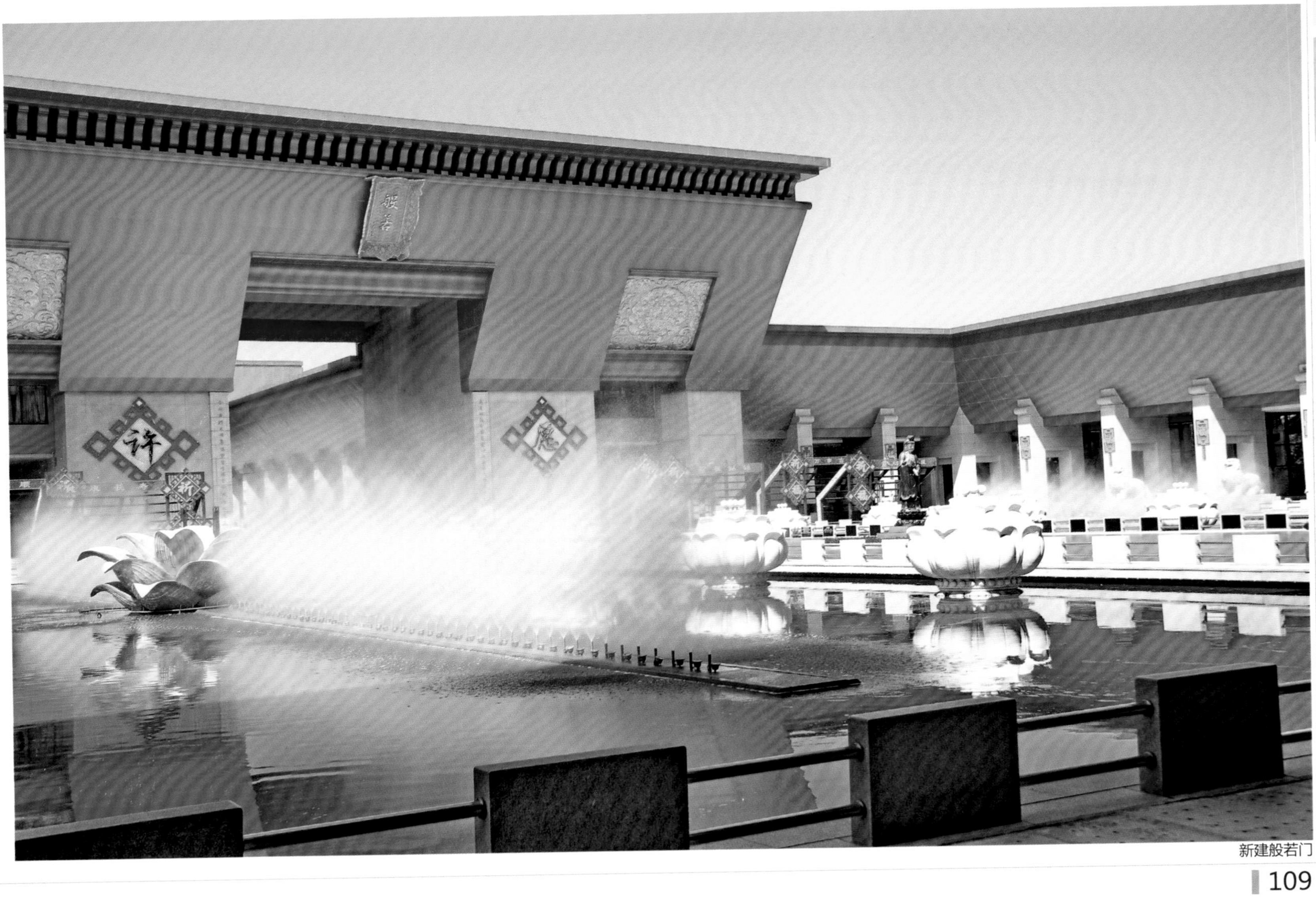

新建般若门

香炉寺全景

断桥

孤城黄河悬峭壁，凌空断桥照夕阳。

香炉寺位于佳县城东 200 m 的香炉峰峰顶，东临黄河，三面绝空，仅西北面以一狭径与县城古城门相通。峰前有直径 5 m、高 20 余米一巨石矗立，与主峰间隔 2 m，形似高足香炉，故而得寺名，素有佳县八景之一“香炉晚照”之美誉。香炉寺地势险峻，香炉石凌空而起，断桥惊险异常，置身其上，如凌绝空际，低头俯瞰，滔滔黄河激流而下，汹涌澎湃。寺临黄河大桥，横贯东西，如龙卧波。

断黄河

探海石

智光重朗牌坊

落叶残花秋风凉，冷月冰星闪寒光。
卧佛寺内难入梦，静听松声闻佛香。

该寺始建于唐贞观年间（627 ~ 649 年），又名寿安寺。以后历代有废有建，寺清雍正十二年重修后改名为普觉寺。由于唐代寺内就有檀木雕成的卧佛。后来元代又在寺内铸造了一尊巨大的释迦牟尼涅槃铜像。因此，一般人都把这座寺院叫作“卧佛寺”。殿的正面墙上挂一块“得大自在”的横匾，意思是得到人生真义也就得到最大自由。殿门上方亦有横匾，书有“性月恒明”，意为佛性如月亮，明亮兴辉永照。卧佛寺西北行约 500 m 左右，即为樱桃沟。这是一条外广内狭的幽静峡谷。每逢雨季，可看悬崖陡壁上山水直泻而下，形成巨大的瀑布，飞沫高扬，吼声震耳；深秋时节，这里山林红叶，绚丽多彩，与香山红叶堪称双绝。

卧佛塑像

具足精严 玻璃牌坊

三世佛殿

寿山亭

玉兰园

鳖池

罗汉塑像

卧佛殿

鼓楼

二龙戏珠雕像

罗汉堂大殿

金刚宝座塔塔顶

金风猎猎吹远松，青霞朵朵生残峰。
西山一经三百寺，唯有碧去称纤侬。

碧云寺位于北京海淀区香山公园北侧，聚宝山东麓，寺院坐西朝东，依山势而建造。创建于元至顺二年（1331 年），经明、清扩建，始具今日规模。在中轴线上的前几重佛殿屋本为明代遗物，内有佛塑佛雕，其中立于山门前的一对石狮、哼哈二将。殿中的泥质彩塑以及弥勒佛殿山墙上的壁塑皆为明代艺术珍品。寺庙大雄宝殿正中供奉释迦牟尼坐像，左有迦叶尊者和文殊菩萨，右有阿难尊者和普贤菩萨。第三进院落以菩萨殿为主体，面阔三间，歇山大脊，前出廊，檐下装饰有斗拱，匾额上为乾隆御笔“静演三车”。殿内供奉 5 尊泥塑彩绘菩萨像，正中为观音菩萨，左为文殊菩萨、大势至菩萨，右为普贤菩萨、地藏菩萨。院内古树参天，枝叶繁茂。其中娑罗树（七叶树）最为珍贵。罗汉堂寺内共有雕像 508 尊，全系木质雕刻，外覆金箔。

碧云寺大门

禅堂院

罗汉堂大门

弥勒佛殿

弥勒佛

观音菩萨

诸路天神像

孙中山纪念堂

古寺山门

四面千手观世音，古槐参天广遮荫。津沽梵刹第一钟，荐福三宝耀津门。

荐福观音寺位于天津市河东区大直沽，津塘公路与大直沽中路交口处，占地面积 8 400 m^2。大直沽是天津的发祥地，所以天津有“先有大直沽，后有天津卫”的说法。荐福观音寺是位于大直沽的药王庙遗址上修建的，天津荐福庵原址位于河东区的小孙庄。1996 年开放后由于游人众多，后经多方大力支持，圆满完成，成了荐福庵异地重建并更名为“荐福观音寺”。据传古槐极通灵性，600 年的树龄与天津卫同龄，既是大殿内观音大士的守护神，也是天津人的守护神。

大殿内千手观音

古寺全景

古寺大殿

山门

近景

燕市珠楼树梢看，祗园金阁碧云端。

位于河北省保定市区北大街南端，原名“大悲阁”，亦称“真觉禅寺”，是“保定八景”之一，称“市阁凌霄”。据载，为蒙古汗国将领张柔所建，始建为1227年。现阁是清乾隆（1736～1795年）彼焚以后多次重修的建筑，石基增高20 m，加汉白玉栏杆，气势巍峨。它是一组壮观的古建筑群，坐北向南，门前置石狮一对，狮后是单檐歇山顶山门三间，穿过山门，东西有钟鼓二楼对称而立，迎面是主体建筑——大慈阁，阁前有磴道高4.6 m，由此可登台基入阁。大慈阁重檐三层，歇山布瓦顶，底岐面阔五间，进深三间，上层皆面阔三间，进深一间，阁内藻井，檀枋均绘旋子彩绘。 慈悲阁通高31 m，是保定市最高的古建筑，数十里外可见。

大钟

外景

主建筑

石人

千手观音

释迦牟尼佛

天宁寺山门

云擎旭照三关晓，天接沱光一色秋。

塔寺原名慧光塔，始建于唐代宗朝（公元762～779年），至宋庆历五年（1045年）大修，又至金皇统五年（1145年）重建，改称凌霄塔。凌霄塔是八角九级的楼阁式塔，三层以下是砖砌，之上木构。下面三层都建有“冰盘式平座”，有利于稳定。凌霄塔外观好似高层楼阁，每层均设门、窗，塔内逐层设置楼梯，可以登临远眺。由第一层进东、西、南三门可至塔心室。进北门沿阶梯可登临顶层，纵览古城壮丽景色。我国现存的木塔极其稀少，天宁寺凌霄塔不仅时代较早，而且在建筑结构上也别具特色，具有十分重要的历史、科学和艺术价值，是我们民族优秀的文化遗产。

凌宵塔近景

凌霄塔远景

骑驴去天宁寺

小饮

莫厌追欢笑语频，人生苦短少开心。
闲来屈指从头数，勿等年华近黄昏。

正定开元寺俗称东大寺，位于邢台市旧城东北隅，东围城路北段路西。该寺建于唐朝开元年间，迄今已有1200多年的历史。开元寺原占地45亩，坐北面南，气势宏伟。原寺门前有大型影壁一座，影壁上有滚龙团花、系彩色琉璃瓦拼砌而成，飞龙姿态雄健、造型优美，且暴出影壁数寸，活灵活现，颇有跃跃欲飞的神态。雕塑之细腻逼真，砌工之高超卓绝，均为北方所罕见。跨越雄伟的山门，便是头殿，即弥勒佛殿。此殿除有造型独特的偶像外，四壁皆字题刚劲的名人诗词。相传是钟离权为拜访该寺住持，有道高僧万安而作。

须弥塔

开元寺全景

钟楼

巨龟（赑）

塔内佛像

塔顶

狮子群

莫言普化只癫狂，临济祖庭雄四方。

临济寺在金（1115～1234年）、明（1368～1644年）、清（1644～1911年）各朝，屡经兴废，各代都曾修建。寺内建有义玄禅师舍利塔，名“澄灵塔”。1985年重行修葺澄灵塔，并增修大殿，在大殿两侧分别修建了法乳堂和传灯堂。传灯堂内供奉由日本日中友好临黄协会捐赠的日本临济宗开宗祖明庵荣西禅师、中兴祖南浦绍明和日本黄檗宗开宗祖隐元隆琦三位祖师法相。澄灵塔俗称青塔、衣钵塔，是临济寺的主要建筑，也是该寺惟一保存下来的古建筑。建于唐咸通八年（867年），为义玄大宗师衣钵塔。澄灵塔通高30.7 m，是一座砖砌八角九级密檐式实心塔。塔下为宽广的八角形石砌台基，台基之上设须弥座，其束腰部分雕饰极其富丽的奇花异鸟图案，其上为仿木构砖雕斗拱、平座、栏杆；再上即砖制三层仰莲以承托塔身。塔身第一层甚高。正面设对开式拱形假门，侧面饰花棂假窗。转角处作圆形倚柱。塔身的八层檐相距甚近，给人以重檐密布之感。

山门

文殊菩萨

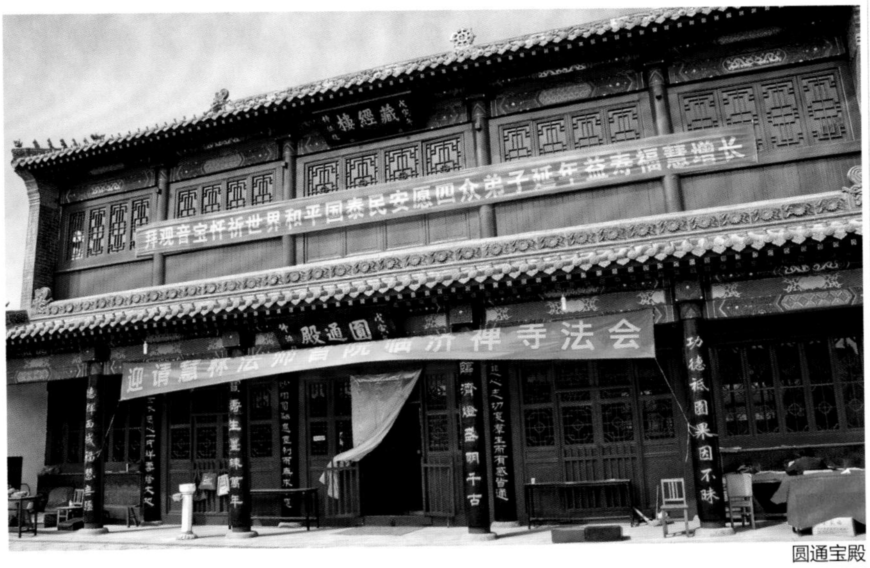
圆通宝殿

金身罗汉

摩尼殿

海内孤例摩尼殿，七丈三尺千手佛。

河北正定北宋隆兴寺位于正定县城内，始建于隋，原名龙藏寺，到宋初改建时才用现名。隆兴寺占地 82 500 m^2，主要建筑自南向北依次为照壁、石桥、天王殿、大觉六师殿（遗址）、摩尼殿、牌楼、戒坛、慈氏阁、转轮藏阁、大悲阁、御书楼、集庆阁、弥陀殿、毗卢殿。寺内有六处文物堪称全国之最：被推崇为隋碑第一的龙藏寺碑、我国古代最高大的铜铸大佛、我国古代最精美的铜铸毗卢佛。北宋开宝四年奉宋太祖赵匡胤之命修铸的高 21.3 m 的铜质千手观音像，与沧州狮子、定州塔、赵州大石桥并称为“河北四宝”。大悲阁内千手观音铸造于北宋开宝四年（971 年），其下须弥座当为铜像铸成后砌筑。佛像依位置和内容的不同，采用浅浮雕、高浮雕、圆雕和透雕多种技法，将整体表现得既华美多变又严谨匀称。

隆兴寺山门

百年古槐

转轮藏殿

毗卢殿

大悲阁

摩尼殿内观音菩萨

千手铜观音

隆兴寺古建筑群

铜制毗卢佛

普乐寺远景

旭光阁形似曼陀罗，藻井雕工光彩夺目。

承德普乐寺俗称圆亭子，位于承德市街东的武烈河东岸，面临武烈河，背倚锤峰。建于乾隆三十一年（1766年），寺门西向。它共有三层，主殿称“旭光阁”，外观极似北京天坛祈年殿。阁中须弥座上的主体“曼陀罗”上有一尊铜制的藏传佛教的佛像，即“上乐王佛”，又称“欢喜佛”。阁内的天花藻井，在外八庙诸寺中也是首屈一指的。

寺庙山门

寺庙外景

宗印殿

寺庙雪景

释迦牟尼佛

普宁寺远景

大雄宝殿

承德看完不看庙，山庄游遍不游园。

普宁寺位于承德市避暑山庄北部烈河畔。由于寺内有一尊金漆木雕大佛，故俗称大佛寺。普宁寺建成于乾隆二十年（1755 年），占地 33 000 m^2，是外八庙宗教活动的中心。乾隆二十年（1755 年），清朝军队平定了准噶尔蒙古台吉达瓦齐叛乱。为了纪念这次胜利，清政府依照西藏三摩耶庙的形式，修建了这座喇嘛寺。整座寺庙平面布局严谨，以大雄宝殿为界，前半部是汉族寺庙传统的七堂式布局（七堂一般是以山门殿、天王殿、大雄宝殿为中轴线，左右对称建有钟楼、鼓楼、东西配殿）。后半部是藏式形式，是仿西藏三摩耶庙的形式修建的曼陀罗，千手千眼观世音菩萨便供奉在主体建筑大乘之阁中。

普宁寺山门

后半部昭庙

大乘之阁

法轮

古建筑群

大殿佛塔

普照寺远景

普照寺大门

门前几曲流水，寺后千寻碧峰。
鸟语溪声断续，山光云影玲珑。

普照寺位于泰山南麓的凌汉峰下，传为六朝古刹，又据清聂剑光《泰山道里记》载，普照寺为唐宋时古刹。金大定五年（1165 年）奉敕重修，题为“普照禅林”，有敕牒石刻勒殿壁。后屡遭兵燹，基址独存。明宣德三年（1428 年）高丽僧满空禅师登泰山、访古刹，在泰山 20 余年，重建竹林寺，复兴普照寺，四方受法者千余人。现存明正德十六年《重开山记碑》记此事。清康熙初年名僧元玉建石堂，并于佛诞之日依古制建坛传戒。道光年间（1821 ~ 1850）建佛阁（今摩松楼）。光绪六年（1880 年）重修正殿和东西配殿。建国后多次修缮。1984 年将后院辟为“冯玉祥在泰山”陈列室。六朝松，状如华盖。松旁为筛月亭，每当皓月当空，松下银灰万点，如同筛月，故名。亭中有方形石桌，敲击发钟磬之声，且四角及中间音 色有别，名五音石。

钟楼

大门外七级佛塔

鼓楼

大殿

释迦牟尼佛

普照寺三门

观音佛

玉泉寺山门

峰峦群山环抱，片片云雾缭绕。
千年古刹深藏，远闻钟声佛号。

玉泉寺俗称佛爷寺，它位于岱顶北，直线距离 6.3 km，山径盘旋 20 余公里。南北朝时由北魏高僧意师创建，后屡建屡废，1993 年在旧址上重建大雄宝殿及院墙。大雄宝殿建于层层高台之上，抬头方瞻。殿内祀释迦牟尼和十八罗汉泥塑像。寺院内有唐植银杏三株，参天蔽日。树下有元代杜仁杰撰、严忠范书《重修谷山寺记》碑及明代《田园记》碑。环望院内，大殿高耸，古树挺拔，碑碣肃立，一派古刹风貌。寺后山冈有一古松，树冠如棚，蔽荫山冈，名一亩松。寺东苹果园内石砌地堰下有一处古泉，是为玉泉，玉泉俗称八角琉璃井，常年泉水不断，大旱不涸，水质纯净、清冽甘甜。

大雄宝殿

景观大殿向下鸟瞰

巍然屹立

百台之上大雄宝殿

古松荫蔽一亩三

五搂有余

苍劲挺拔

释迦牟尼塑像

十八罗汉塑像

寺庙山门

法定禅房临峭谷，辟支灵塔冠层峦。

灵岩寺，始建于东晋，距今已有 1600 多年的历史。位于济南城西南泰山北麓长清县万德镇灵岩峪方山之阳。自晋代开始即有佛事活动。正光元年（520 年）法定禅师来此游方山，爱其泉石，重建寺院，逐渐兴旺。现存殿阁、佛塔、墓塔林和方山之上证明功德龛。坐北面南，依山而建，沿山门内中轴线，依次为天王殿、钟鼓楼、大雄宝殿、五花殿、千佛殿、般若殿、御书阁等。1912 年，清末学者梁启超来此游览，赞誉千佛殿泥塑罗汉像为“海内第一名塑”，并亲笔写下了碑碣。1987 年，贺敬之来灵岩参观千佛殿后写下了“传神何妨真画神，神来之笔为写人。灵岩四十罗汉像，个个唤起可谈心”的诗句。艺术大师刘海粟来灵岩观后，挥笔写下“灵岩泥塑，天下第一，有血有肉，活灵活现”的赞语。

辟支塔

塔林

青檀树

银杏秋色

天下第一名塑

释迦牟尼佛

松涛月影透佛趣，风声雨韵寓禅机。

青岛湛山寺位于青岛市东部湛山西南、太平山东麓，为青岛唯一的佛寺。1933 年筹建，1945 年落成，面积 23 亩。山门有两石狮，传为明代遗物。院内有大雄宝殿、三圣殿、天王殿及客舍，殿后为藏经楼，收藏佛经 6000 余册及古代佛像。藏经楼下为卧佛殿，卧佛观音面部惟妙惟肖，栩栩如生。寺东南的如来宝塔为八角七级塔，耸立云表。塔中内空三层。寺院南对黄海，浮山、湛山、太平山屏列，烟岚变幻，海阔天空。“青岛十景”之一“湛山清梵”即此。

湛山塔远景

湛山寺大门

卧佛殿

大雄宝殿

藏经楼

大雄宝殿佛像

盛开海仙花

卧佛头像

南大门

规模宏伟雄峙九州，古运河畔灿烂明珠。

济宁东大寺为伊斯兰教清真寺，坐落在山东省济宁市小闸口上河西街。因寺门临古大运河西岸，故俗称“顺河东大寺”。始建于明洪武年间，以后经明、清各朝数次修缮，使建筑面积达到 4 134 m^2。清康熙年间穆斯林集资重建，建筑规模宏伟，“洵属南北回教寺院之冠”。清乾隆年间钦赐重修，始具今日规模。其气魄位列全国清真寺木结构建筑之冠，是一座“龙首”式样的中国宫殿式伊斯兰教建筑群。主要建筑由东西轴线排列，依次为序寺、大殿、望月楼三大部分。

楼群组合景观

一代经师亭

东大门

邦克亭

前殿

楼群角檐景观

山门

卧佛殿

晨钟暮鼓惊醒世间名利客，经声佛号唤回苦海迷路人。

青檀寺位于枣庄市峄城西 3.5 km，楚、汉两山的窄谷中，始建于唐代，为鲁南地区规模较大的一座佛教寺院，是枣庄冠世榴园生态文化旅游区的一个景点。当地政府在园内先后投资 3000 余万元开发了青檀寺、一望亭、园中园、三近书院、匡衡祠、仙人洞等景点，更有幽谷异洞、奇石怪峰。流泉飞瀑、古木奇树、碑碣石刻等点缀其间，自然景观与人文景观融为一体，交相辉映，蔚为壮观。不断建设发展的冠世榴园目前已形成旅游综合功能日益增强和环境设施逐渐配套齐全的旅游区。古老的石榴园旧貌换新颜，焕发出更加迷人的魅力，正以崭新的姿态和绮丽的风采走向全国，走向世界。这里青檀多且造型奇特，青檀与青石一家，在石缝中生长，有一股钻劲和不服输的精神。

岳飞楼

南大门

大雄宝殿

念佛堂

古檀之夏

千年古檀

报国塔

浓荫

岁月沧桑

卧佛

岳飞塑像

定林寺山门

亘古一人殿

莒王龙蟠会鲁侯，烟云如盖笼浮丘。
古往成败负笑谈，独有大树伴君游。

定林寺雄居于浮来峰下，始建于南北朝时代，距今已有1500多年的历史。全寺南北长95 m，宽52 m，总面积4 940 m^2，整个建筑分前，中，后三进院落，以“大雄宝殿”为主体，向前向后左右展开，东西两旁对称，依山势向后逐级升高。刘勰校经楼位于定林寺的中院，门匾镌刻有郭沫若手书“校经楼”三字，据《南史》记载，此楼为刘勰校经藏书之处，现辟为“刘勰生平陈列馆”，陈列着《文心雕龙》的各种古代和当代研究文献及纪念文库。出定林寺山门南走不远，但见一片怪石，形态各异，妙趣横生，大自然的造化之功之奇妙，令人叹为观止。在怪石丛中，树荫处，建有“文心亭”，由郭沫若亲自命名，并题字，以纪念《文心雕龙》藏书1460周年。寺内古银杏据史书记载，植于商周时期。公元前715年，当年鲁国国君和莒国国君曾在树下结盟修好。据此推算，此树年龄应在3500年以上。

大雄宝殿

校经楼

三教堂

古银杏春光

唐代古银杏四代共生奇观

罗汉遍山神彩各异

释迦牟尼佛

刘勰塑像

广福寺山门

千年古寺峙天东，百丈树王展雄风。

城银杏古梅园位于郯城西南 25 km 沂河东岸边，新村银杏产业开发区政府驻地北侧。内有广福寺（亦称官竹寺、观竹寺）一座，占地 2 100 m^2。该寺始建时间，传说不一，或云建于汉兴于唐，又以“广福”之名起于金。整个庙宇为三部分，各成院落，即大雄宝殿、天王殿和后楼。大殿系最早的建筑，时间无考。自东大门拾级而上，便入前院，主建筑为大殿，系歇山檐明三暗五古建筑，圆筒瓦缮顶，正间系八扇花棂子门，两边各有一个圆形八棱窗。殿内靠北 1 m 高的神台上，系两米半高的三尊如来佛泥塑站像，各占屋 1 间。中间泥像前又置三尊铁质如来坐像，高 1 m，重约 100 公斤。神台前东西各有两个泥方台，上有两米高的泥塑站像，相对而立，据传为韦陀、阿难菩萨。另塑有十八罗汉，形态各异，栩栩如生。2011 年广福寺扩建项目由广州弘法寺投资 7000 万元兴建，计划分 3 年完成。

露天弥勒大佛

大雄宝殿

天王殿

地藏殿

菩萨殿

高达百米银杏王

古梅园前院

露天观音

唐朝大将薛仁贵塑像

地藏王佛像

千手观音

左侧罗汉

普贤菩萨

释迦牟尼三圣佛像

右侧罗汉

文殊菩萨

大相国寺大门

鼓楼

七朝古都千年寺，相国钟鸣响全城。

开封大相国寺始建于北齐天保六年（555 年），位于著名文化历史名城、七朝古都开封市中心。公元 1642 年 ~ 1841 年，大相国寺先后三次因黄河决口而被大水淹没。新中国成立后，依循古制，几度维修，宝刹重光，1992 年起恢复佛事活动，并复建了钟鼓楼、放生池、山门殿、牌坊等建筑。殿内五百罗汉姿态各异，造型生动。寺内一尊千手千眼佛四面雕像，高 6.6 m，用一株白果树雕刻而成，这名巨匠在 28 岁时开工，在 80 多岁时才完工，倾注了自己的全部。千手千眼观音每面有 6 只大手，200 余只小手，手心有一只慧眼，总共 1000 余只，故名千手千眼佛。

藏经楼

八百罗汉堂

大门前雄狮雕塑

鲁智深倒拔垂柳（铜像）

石塔

开门前奏乐

释迦牟尼佛

琉璃佛

千手千眼佛

少林寺大门

大雄宝殿

千年银杏古树

大殿角檐装饰雕塑

禅武合一护佛门，少林功夫冠武林。

少林寺位于河南省登封市西北 13 km 的中岳嵩山西麓，在竹林茂密的少室山五乳峰下，故名“少林”。从山门到千佛殿，共七进院落，总面积达 3 万 m^2，是中国汉传佛教禅宗祖庭。始建于北魏太和十九年（公元 495 年），32 年后，印度名僧菩提达摩来到少林寺传授禅法，此后数废数兴。1928 年，军阀石友三火烧少林寺，把主要建筑统统毁于一炬，现存山门、立雪亭、千佛殿等建筑为以后复建。少林寺实行禅武合一，参禅是正道，拳勇一类乃是末技，僧众们借练功习武达到收心敛性的目的。

墓塔林

大殿屋脊骑士雕塑

布袋僧

骑象观音

白马寺大门

印度殿雕塑

祖庭古寺源西域，白马万里驮经来。

白马寺位于河南洛阳市东郊，是佛教传入中国后由官方营造的第一座寺院。相传汉明帝刘庄差使臣蔡音、秦景等前往西域拜求佛法。蔡、秦等人在月氏（今阿富汗一带）遇上了在该地游化宣教的古印度高僧迦什摩腾、竺法兰。蔡、秦邀请佛僧到中国宣讲佛法，并用白马驮载佛经、佛像，跋山涉水，于永平十年（公元 67 年）来到京城洛阳。汉明帝敕令白马寺建寺，取名白马寺。以后几度兴废，其中尤以武则天时代规模最为宏大。

印度殿

普同塔

泰国殿

中国第一古刹牌坊

印度释迦牟尼佛

山门

大悲殿

大慧文殊菩萨佛像

唐代名刹崇善寺，大慧文殊天下孤。

太原崇善寺既是佛教寺庙，又是皇家祖庙，位于山西省太原市东南角的省博物馆背后。五一南路皇庙巷，初建于唐，名白马寺，后改称延寿寺、宗善寺，后来又叫新寺。明代时，才更名崇善寺。清同治三年（1864年），崇善寺失火。寺内主要建筑化为灰烬，仅余大悲殿一组得以保存，成为现在山西省博物馆所在。崇善寺现存建筑主要有山门、钟楼、东西厢房和主体建筑大悲殿。大悲殿坐落于宽厚的台基上，前有月台，成凸字形组合。殿身面阔七间，进深四间，重檐歇山顶，乃是中国现存最完整、最标准的明初木构建筑，为研究古代建筑提供了丰富的实物资料。大悲殿前两侧，皆有火劫后所建仿明琉璃瓦亭，左为鼓亭，右为钟亭。山门东侧，另有大钟楼，上悬明正德元年（1505年）铸造大钟，重9999斤，钟声可响遍全市。

关公塑像

释迦牟尼佛

寺内古建筑群

万藏砖塔

千年古刹尊胜寺，五峰咽喉一丛林。

尊胜寺位于山西省五台县城北 20 km 西峡村山峪，地处五峰要道，为五台山南门道上的巨刹。相传唐代印度僧人佛陀波利在此梦见文殊菩萨显灵，随之建寺。始建于唐，宋代重修，民国初年又予修葺。寺区古木参天，建筑瑰丽。寺前影壁砖雕精巧，寺内殿堂楼阁皆备，一连五进院落，逐级向上，层迭有致，左右设经楼禅舍，规模宏伟，布局严谨。大雄殿台基高耸，建造富丽。无量殿全部砖构，雕刻精致。尊胜寺七进大殿两旁，有小院落多处，筑僧房、砌围墙、垒石阶、券门洞、立影壁，形成迂回曲折的布局结构。

迎客松

大雄宝殿

大殿内佛像

二十四诸天殿

天殿内神像

大慈延寿宝殿

大白塔

白塔高耸入云端，风铃阵阵叮当响。

塔院寺位于五台山佛教中心区台怀镇，原是大华严寺的塔院。明成祖永乐五年（1407 年）扩充建寺，改用今名，是五台山五大禅林之一、青庙十大寺之一。塔院寺坐北朝南，由横列的殿院和禅堂僧舍组成。中轴线上的建筑有影壁、牌坊、石阶、过门、山门、钟鼓楼、天王殿、大慈延寿宝殿、塔殿藏经阁，以及山海楼、文殊寺塔等建筑，气魄雄伟，有殿堂楼房 130 余间，占地面积 15 000 m^2。寺前有木牌坊三间，玲珑雅致，为明万历年间所筑。寺内主要建筑，大雄宝殿在前，藏经阁在后，舍利塔位居其中。各殿塑像保存完好，藏经阁内木制转轮藏二十层，各层满放藏经。供信士礼拜与僧侣颂诵。寺内以舍利塔为主，塔基座正方形，藏式，总高约 60 m，全部用米浆拦和石灰砌筑而成，在青山绿丛之中，高耸的白塔格外醒目。塔刹、露盘、宝珠皆为铜铸，塔腰及露盘四周各悬风铎，风来叮当作响，极富古刹风趣，人们把它看作五台山的标志。塔院寺现为全国重点寺院。

山门

酥油佛灯

塔内佛像

韦驮菩萨塑像

大转经筒

山门

天王殿

广化寺全景

香火缭绕佛号响，慈航超度脱凡尘。

大雄宝殿

广化寺坐落在台怀镇营坊村北端，北邻五台山尼众律学院普寿寺，面迎台怀寺庙群，东面举目就是峻拔秀丽的黛螺顶，西面遥对着金碧辉煌的菩萨顶。发源于北台，东台的清水河，伏在左右两边的低处，清流哗然低唱，仿佛把一部深奥的经文从古念到现在。广化寺踞坐在此地，依偎着山中的青岚和雾霭，显得异常安详宁静。它是五台山的一处历史久远，从昔日的华严道场，转而成为章嘉活佛“五处”之一的黄庙。广化寺传说在北魏时就有建筑，但那些陈迹已随风化去。现在存于后院的，有北宋元丰年间（1080 年）的八角亭阁式石幢塔，可说是广化寺沧桑的历史见证。这个高有 3 m 的石塔经幢，通身有青石雕就，下面的束腰须弥座上，镌有龙、狮、虎、鹿神兽，韵味野拙高古。幢身的一面，刻有一部陀罗尼经咒，已被风雨扶疏得依稀可辨。

牌坊

释迦牟尼佛

悬空寺远景

飞阁峭壁间，古刹空中悬。
离地二十丈，天下一奇观。

大同悬空寺，又名玄空寺，位于山西浑源县，距大同市 65 km，全国重点文物保护单位。悬空寺始建于 1500 多年前的北魏王朝后期，古代工匠根据道家“不闻鸡鸣犬吠之声”的要求，在荒郊野外的大峡谷峭壁上建造了这个悬空寺。悬空寺距地面高约 60 m，悬空寺飞梁所用的木料是当地的特产铁杉木加工成的，用桐油浸过，所以不怕白蚁咬，也有防腐的作用。建寺设计与选址，全部悬挂于悬崖峭壁之上，石崖顶峰突出部分好像一把伞，使古寺免受雨水冲刷。山下的洪水泛滥时，也免于水淹。寺内有铜、铁、石、泥佛像八十多尊。唐代诗人李白游览悬空寺后，在石崖上书写了“壮观”二字。

悬空寺南楼

北楼近观

悬空寺主楼

悬空寺北楼远景

悬空寺仰视景观

悬空寺中楼

北楼全景

大雄宝殿

安抚亡灵能圆梦，无奈寺舍难恭维。

大同圆通寺坐落在大同市中心的大西街，紧邻华严寺，是一个小巧玲珑的佛教道场。尽管与华严寺规模无法相比，但这里香火同样鼎盛，不时有上香许愿的善男信女出入。与其他寺院的大兴土木不同的是，寺院内的待盖的地藏殿，和悬挂的修缮募捐处，使这里显得有些落寂，但圆通寺不要门票，在大同难能可贵。圆通寺院始建于明万历年间，于清顺治年间的战火中毁弃，后在清康熙乾隆年间重建，上世纪末一些居士曾对寺院进行了部分修缮。1649 年初，清多尔衮亲征大同。由于城墙坚固，9 个月也没攻破，最终因城内粮绝失陷。多尔衮恼羞成怒，大开杀戒，十多万大同人血流成河，几乎成了一座空城。15 年后登基的康熙皇帝也认为过分，1633 年下令建造圆通寺，纪念那些被杀的大同军民。

屋脊装饰

山门

罗汉塑像

弥勒佛

天王殿

观音菩萨

西山翠岩胜景

山间明月闲相照，门外清风静自来。

翠岩寺位于南昌市湾里区翠岩路北端，坐落在梅岭东麓湾里盆地内，东临陈家山，西近伏虎山，前望钵盂山，复港在寺前流过。始建于南北朝，是江西著名寺庙之一。它与香城、双岭、云峰、奉圣、安贤、六通、蟠龙同为“西山八大名刹”。历来香客游人如织。翠岩禅寺历经兴衰。古寺初名“常缘寺”，唐朝武德年间改寺名曰“洪井”，随后又更名为“翠岩”，南唐曾以“翠岩广化院”为称。北宋以后，寺庙逐渐衰落，明朝竟废为民居。清顺治年间有古雪法师主持庙事，各方化缘，募得巨资，重铸释迦牟尼佛及众菩萨像，将寺庙修葺一新，香客始云涌而至，盛况空前。后复毁于战乱，解放初期，已是僧去寺空。1977年，从缅甸迎请玉佛一尊，又自福建迎请观音菩萨一尊，并重建大雄宝殿。1991年翠岩寺再次重建。

西山佛塔

观音菩萨立像

释迦摩尼琉璃佛

释迦牟尼佛

大雄宝殿

天王殿

佛光普照古禅寺，慈航普度救众生。

寺院位于江西省九江市内风景秀丽的庐山北麓，九江市浔阳区庾亮南路，是 1983 年国务院确定的汉地佛教全国重点寺院。据《九江能仁寺同戒录》和《德化县志》载，能仁寺原名承天院，创建于南朝梁武帝时代（502 ~ 527 年）。唐大历元年（766 年），有位白云法师云游至此，见寺院一片瓦砾，就结茅为居，募捐修整了大雄宝殿和大胜宝塔，从此香火不断。宋哲宗元祐六年，增建铁佛寺。元代以来废于战火。明代洪武十二年（1379 年）重建。弘治二年（1489 年）改承天院为能仁寺。明万历元年（1573 年）重建了藏经楼。直至清代，乾隆皇帝又赐给能仁寺《大清三藏经》，同治年间对其进行了大规模的修复。现存的寺院建筑，多为同治九年（1870 年）所建。能仁寺的建筑依坡就势。寺内地势平坦，局部略有起伏。三面环坡，紫烟作屏。寺院布局合理，层次分明，分前中后三个院落，在中轴线上展开。

寺内大胜宝塔

大雄宝殿

慈航普度

古建筑群

禅寺大门

客堂

释迦牟尼佛

天王

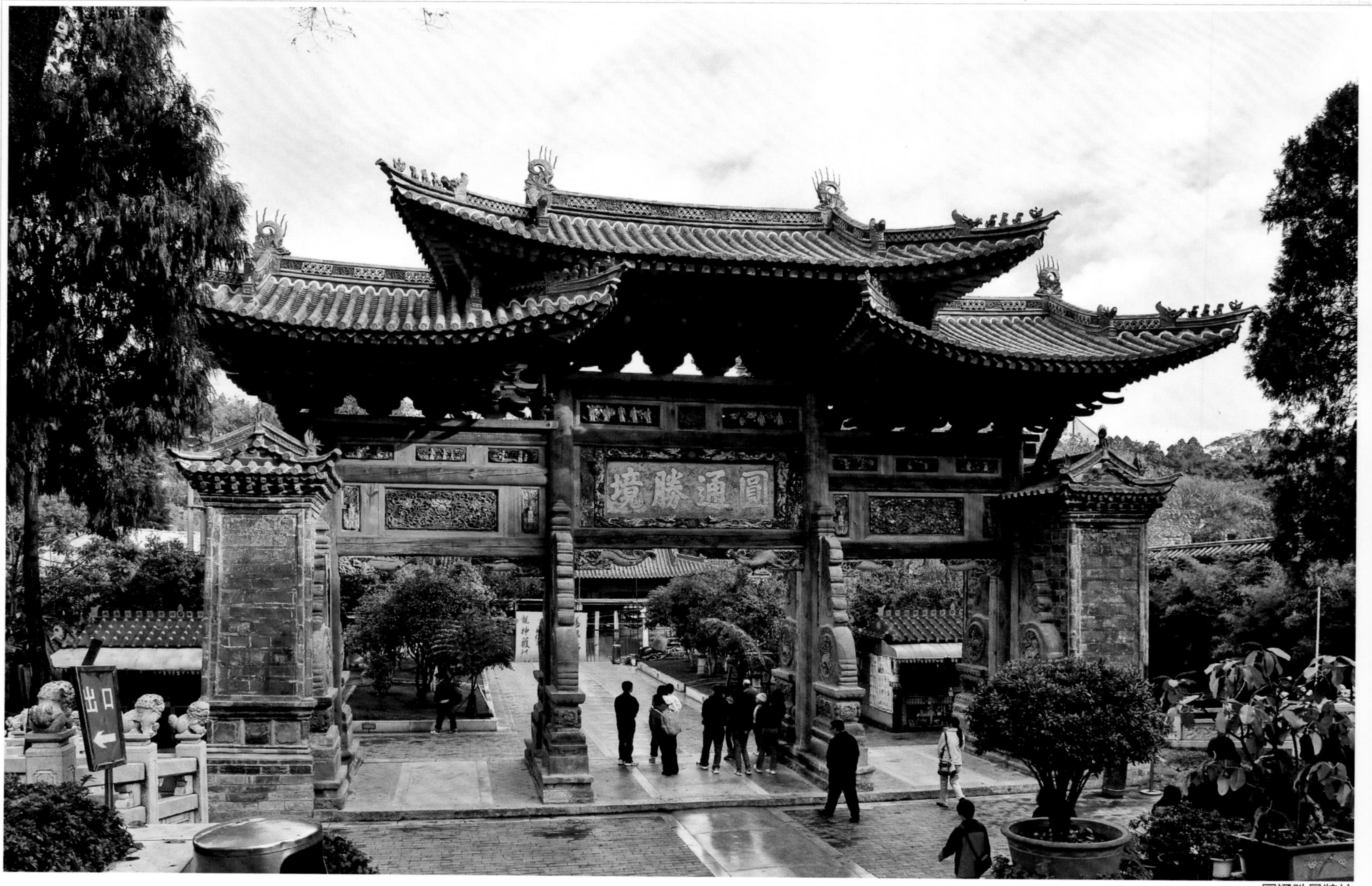

圆通胜景牌坊

水声琴韵古，山色画图新。

圆通寺坐落在圆通山南，前临圆通街，后衔圆通山，与昆明动物园毗连，布局严谨、对称，主体突出，是昆明最古老的佛教寺院之一。圆通寺坊表壮丽，林木苍翠被誉为“螺峰拥翠”“螺峰叠翠”，一直是昆明的八景之一，如同一座漂亮的江南水乡园林。从建筑学上讲，它闹中求静，以小见大，并借背后螺峰山之景，形成别具一格的水院佛寺，在中国的造园艺术中具有独特的风格；圆通寺正门位于圆通街，进入寺院越向里走，地势越低，这在我国寺庙建筑上是较为罕见的“倒坡寺”。从唐时南诏国在此建“补陀罗寺”算起，圆通寺已有 1200 多年的建寺历史，是中国最早的观音寺，比浙江普陀山的观音道场还早 100 多年。同时，它也是现在昆明市内最大的寺院，在中国西南地区和东南亚一带都享有盛名。

大法会

惠日高悬

藏书楼

释迦牟尼佛

大雄宝殿

铜佛殿

藏经阁

归元性不二，方便有多门。

归元禅寺创建于清顺治十五年（1658年），归元禅寺之名取佛经“归元性不二，方便有多门”之语意。占地4.67公顷，有殿舍200余间。池两侧为钟鼓楼，正中为韦驮殿，再进是大雄宝殿。其南北两厢为客堂和斋堂，其后为禅堂。南院罗汉堂供奉有500尊以脱塑工艺制作的罗汉塑像，形态各异，栩栩如生，是中国传统塑像艺术中的上品。北院有藏经阁、大士阁、翠微井等建筑。藏经阁一层为陈列室，陈列有北魏石刻、唐代观音及历代雕塑的其他佛像，以及各种珍贵法器、字画等；二层收藏佛教经典7000多卷，其中有印度、缅甸、泰国、斯里兰卡等国刻印的经卷和贝叶经。本寺是国务院首批公布的开展宗教活动的重点寺庙。现任住持是隆印法师。

大士阁

观音佛像

禅寺山门

钟楼

胜大宏阔殿

大雄宝殿

钟楼

千年古刹名寺，潇湘第一道场。

麓山寺又名慧光寺、万寿禅寺，位于长沙市湘江西岸岳麓山山腰，创建于西晋（公元 268 年），距今已有 1700 多年的历史，是佛教入湘最早的遗迹。1983 年，麓山寺被国务院确定为汉族地区佛教全国重点寺院，移交给长沙市佛教协会管理。1985 年 1 月，僧人进驻寺内，恢复了中断许久的佛事活动。近年来政府拨专款重修了大雄宝殿、弥勒殿、讲堂、神堂，使这座佛教古刹初具规模。现在寺内僧众济济，塑像齐备，藏书甚丰。佛教丛林制度得到全面恢复。

禅寺建筑群

胜景牌坊

麓山寺大门

大雄宝殿

放生池金龟

大殿佛像

雕塑壁画

圣安寺山门

大寺古建筑群

洞庭百里容纳四水，古刹千年普照三湘。

岳阳圣安寺耸立于大龟山，飞檐斗角，气势宏伟，金碧辉煌。夏日的阳光里，踏进寺院，悠扬的《大悲咒》、平和的诵经声和缭绕的檀香烟，便将人带入浓浓的佛教文化氛围之中。依路而进，寺院可分为山门、天王殿、大雄宝殿、念佛堂、观音殿、万佛塔。圣安寺是一座千年古寺。创建于贞观年间（公元 710 年），距今已有 1300 年底的历史。圣安寺自唐无姓大和尚弘佛法后一直默默无闻，毁于何时，历史均无记载。直至 1997 年，南岳高僧宝昙方丈携首席弟子怀梵法师来岳阳重建，圣安寺才又恢复了唐代时期的耀眼光芒。

大雄宝殿

观音立像

韦陀殿

文昌祠

洪钟震响觉群生，昼夜闻钟开觉悟。

普光寺（又名“普光禅寺”），坐落在张家界永定区城东，前有天门山，后有福德山（即今子五台），是一座历史悠久，名声远播的寺庙。普光寺原是一片古建筑群，包括文庙、武庙、城隍庙、崧梁书院等，现仅存普光寺、武庙与文昌祠等建筑。其余部分或毁于兵燹，或毁于火灾，或因愚昧无知被破坏。据清光绪三十二年（公元 1906 年）侯昌铨编撰的《湖南永定县乡土志》记载：“迤东有普光寺，明永乐十一年（公元 1413 年）指挥史雍简建，本朝（即清朝）雍正十一年（公元 1733 年）协镇史城重修。寺有白羊石，雍简建寺时，见白羊满山，逐之入土，掘之见石，其下有窖金。遂发之，以金修寺，寺成入奏，赐名普光石。”又据《续修永定县志》载：雍简在白羊山“见白羊一群，逐之，一羊化白石，余入土中，掘之，获金数瓮，悉以修庙，敕名‘普光寺’，均系皇上赐（命）名。”

普光戏苑

大雄宝殿

观音殿

禅寺山门

高贞观

释迦牟尼佛

观音佛像

天门晨钟

天外有天天不夜，山上无山山独尊。

天门山寺坐北朝南，庙门上高书“天门仙山”，全寺三进两殿，殿后有观音堂，气势浩大。寺外古木参天，不远处有七级浮屠，堪称古雅清幽。自民国之后，天门山旧寺日见衰颓，现仍有遗址可寻。现在的天门山寺为原址重修，占地面积万余平方米，采用清代官式风格，由山门、钟鼓楼、天王殿、大雄宝殿、观音阁、藏经阁、法堂等建筑组成。其中，观音阁造型尤为奇巧，楼层设置明二暗三，其构造之复杂，堪与国内各古典名楼相媲美。寺庙坐落山窝，视野开阔，极目东南，众山皆小，确有一山独尊的气概。始建于唐朝的天门山寺，自建寺以来信士众多，香火鼎盛。2002 年，当地耗资 8 千多万元人民币对古刹进行了重新修建。重建后的天门山寺占地两万余平方米，是目前湖南省境内最高的佛教建筑群。

天门天路

天门山寺

后天门云海之一

后天门云海之三

天门渔歌

人杰地灵牌坊

大同殿

山为第一泉第二，祠为教孝寺教忠。

惠山寺与佛的因缘最早要追溯到晋朝，相传西域僧人慧照来到无锡秀丽的西神山麓驻锡传道，从此就有了惠山之名。寺建于宋景平元年(423年)，梁大同三年(537年)，建大同殿，易名为法云禅院。唐宋间，又改名为昌师院、普利院、旌忠荐福功德禅院等。惠山寺是禅宗道场，历史上香火旺盛，高僧众多，唐宋鼎盛期僧舍达数千间。惠山因佛而繁荣。从唐朝会昌至清朝同治的千余年间，惠山寺五次遭劫，五次重建。清朝乾隆皇帝曾到惠山寺礼佛并留下大量诗篇。1863年李鸿章在惠山寺废墟上建昭忠祠。惠山寺由于其悠久的历史和深厚的文化而历无锡十大丛林之首。保存完整的唐代听松石床、唐宋经幢、香花桥、宋代金莲桥、明代古银杏、清代御碑等珍贵文物以及近年修复建造的大雄宝殿、惠山寺钟等展示了佛教文化的独特魅力。

大悲阁

御碑亭

大雄宝殿

入三摩地

大雄宝殿

栋宇摩霄汉，金碧灿云霞。

常州天宁寺位于常州市内解放路 728 号。始建于唐永徽年间（650 年），开山祖师是法融禅师，北宋政和元年（1111 年）改为现名，距今已有 1300 多年历史，向有“东南第一丛林”的称誉。乾隆曾三次到常州天宁寺拈香，并为寺题 " 龙城象教 " 匾额和楹联。常州天宁寺内主要殿宇有八殿、二十五堂、二十四楼、三室、两阁等建筑，总面积过 110 亩之多。大雄宝殿殿顶重檐九脊，高 33 m，宽 26 m，素有“栋宇摩霄汉，金碧灿云霞”之称。宝塔建筑总面积为 27 000 m^2，共 13 层，呈八角形布局，总高达 153.79 m，为迄今海内佛塔之最。

天宁寺塔

天宁寺大门

弥勒佛

千手观音

红木雕刻三圣图

朝圣雕塑图

石刻阿摩提　佛像观音

大象雕塑

大雄宝殿

月落乌啼霜满天，江枫渔火对愁眠。
姑苏城外寒山寺，夜半钟声到客船。
——唐·张继《枫桥夜泊》

寒山寺位于苏州城西阊门外 5 km 外的枫桥镇，建于六朝时期的梁代天监年间（502 ~ 519 年），距今已有 1400 多年，原名“妙利普明塔院”。唐代贞观年间，传说当时的名僧寒山和拾得曾由五台山来此住持，故改名为寒山寺。1000 多年内寒山寺先后 7 次遭到火焚，最后一次重建是清代光绪年间。唐朝诗人张继去京都长安赴考，落第返回途经寒山寺，夜泊于枫桥附近的客船中，夜里心情郁闷难以成眠，当听到寒山寺传来的钟声，有感而作《枫桥夜泊》。此诗在日本几乎家喻户晓。日本的小学生把这首诗作为课文来讲授和背诵。今天，日本人到苏州旅游，也无不以一睹张诗碑刻为快。

普明塔院

母子狮塑像

砖雕壁画

竹、焦、石　小景

法堂远景

寺外运河枫桥景色

大雄宝殿

梨花明月寺，芳草牧牛庵。

明月寺建于唐清泰二年（935年），僧明智所创，明洪武初归并普贤寺。清光绪十六年（1890年），僧道根重修。天王殿的正中是一团和气的大肚弥勒，两旁是四大天王，个个横眉竖目，威武猛厉。大雄宝殿翘角飞檐，庄严肃穆，富丽堂皇。中央是如来佛，两侧分别是阿弥陀佛和药师佛，合称“三世佛”。大佛背面是观音菩萨，脚踏莲花，手持净瓶杨柳枝，神态矜持娴静。大殿两侧是通常的十八罗汉，却也神态各异。藏经楼下讲经堂，如今也摆上了沙发。与寺外山塘街的人流如潮相比，可能由于是正值下午的缘故，寺内显得十分清静。一路走过天王殿、大雄宝殿、藏经楼，到处是空空荡荡，只有俗家的卖香女还在坚守岗位。但从大殿的布置来看，这里还是香客不断，两侧的长廊里也是挂满了红灯笼。顺着东侧的西院的长廊的红灯笼，走到底有一侧门，这里便是明月寺僧俗工作人员的住地。

禅寺山门

三清殿

观音立像

释迦牟尼佛

禅寺山门

九曲红桥花影浮，西园池水碧如油。劝君切莫乱投物，好看神鼋自在游。

苏州西园寺位于苏州阊门外虎丘路西园弄 18 号，别名戒幢律寺，俗称西园。创建于元代至元年间（1264 ~ 1294 年）始名归元寺，距今已有七百年的历史，现存建筑为清代重建，寺内五百罗汉堂为中国四大罗汉堂之一，为江苏省文物保护单位。安徽九华山西园寺位于神光岭南半山腰，全国重点寺院。始建于明代，原名景德堂，清康熙六年（1667 年）玉琳国师徒宗衍新修殿宇，始易今名。另有日本姓氏西园寺。经茂林律师及尔后数代住持的努力，西园寺成为律宗道场，法会盛极一时，列为江南名刹。惜于清咸丰十年（1860 年），毁于兵燹，只剩下残垣颓壁、荒草萋萋。光绪年间，浙江按察使盛康与吴郡士绅同倡议修复西园寺，请紫竹林寺方丈荣通及其徒广慧来主持此项工作。广慧法师自承担大任之后，任劳任怨，全力以赴。他托钵四方，化缘重建戒幢律寺。从 43 岁到 73 岁，他在 30 年中先后修建了大雄宝殿、观音殿、罗汉堂、天王殿、放生池及安僧办道的配套设施。

震国戒幢牌坊

无二法门殿

寺外九曲桥

大雄宝殿

鸡鸣寺前门

南朝四百八十寺，多少楼台烟雨中。

鸡鸣寺位于南京鸡笼山顶部，鸡笼山东接九华山，北临玄武湖，西连鼓楼岗，山高 62 m，因山势浑圆似鸡笼而得名，以后更名为鸡鸣寺。塔内供奉有药师铜佛像一座，此像原供奉于北京雍和宫，1972 年由赵朴初向国务院提请、经周总理批准送给南京灵谷寺。灵谷寺维修时，将该佛像暂存市文管会，宝塔建成后，又从文管会迎奉于塔内。佛殿建筑精美佛像庄严；宏观则山明水秀寺优美浓荫碧翠留人步；登宏塔而俯瞰则群峰拱挹，烟岚蓊郁。东抗钟阜，西接北极，山色湖光，尽收眼底。

昆盧宝殿

鸡鸣寺全景

鸡鸣寺街街景

灵谷寺大门

万株桂花香，千年灵谷寺。

灵谷寺位于南京市中山陵东面 1.5 km 处，原称蒋山寺，在今明孝陵处。灵谷寺始建于南朝梁天监十三年（514 年），是梁武帝为安葬名僧宝访而建立的寺院。唐代改称宝公院，北宋大中祥符年间，改称太平兴国禅寺，明初改为蒋山寺。朱元璋为建明孝陵，命人选中独龙岗这块风水宝地，于是就下令将这一带包括蒋山寺在内的所有寺院都迁往紫金山东麓，合为一寺。因为灵谷寺的地形是“左群山右峻岭”之间的一片谷地，所以命名为“灵谷寺”。灵谷寺初建时，规模宏大，殿宇林立，佛塔矗立，从山门到大殿，长 2.5 km，占地约 500 亩，僧 1000 余人。除现存外，当时还有金刚殿、天王殿、五方殿、毗卢殿、观音阁、禅堂、客室、方丈室等。朱元璋曾御笔题额“第一禅林”。可惜后来因遭兵火劫难，只有无梁殿得以幸存。

国民革命烈士纪念牌坊

无梁殿

念经堂

客堂

大雄宝殿

玄奘院

灵谷胜景门

一念堂

藏经楼

灵谷寺塔

客堂佛像

塔内旋梯

殿内景观

静海寺远景

郑和远洋振国威，中华文化杨四海。

静海寺位于南京城西北部狮子山下，建于明永乐年间，是明成祖朱棣为褒奖郑和（原名马三保）航海的功德，同时为供奉郑和从异域带回的罗汉画像、佛牙、玉玩等物品和奇花异木的活株而敕建。赐额“静海寺”，取意四海平静，天下太平。它北倚狮子山，东接天妃宫，西临护城河，占地约 2 万 m^2；有大雄宝殿和天王、正佛、观音、伽蓝、轮藏、弥勒、祖师等殿宇，还有潮音阁、钟楼、井亭、华严楼、玩咸亭等建筑共 80 多楹。规模宏大，可谓金陵名刹。郑和晚年曾在此生活过。

静海沧桑牌坊

静海寺古建筑群

郑和纪念馆

静海寺大门

潮音阁

静海寺戏台

定慧寺

古刹秋色

焦山寺全景

碧玉浮江山裹寺，寒秋霜叶满山红。

焦山是“京口三山”名胜之一（另外两个分别是镇江金山和北固山），向以山水天成，古朴幽雅闻名于世。其因碧波环抱，林木蓊郁，绿草如茵，满山苍翠，宛然碧玉浮江。焦山具有珍贵的“四古”：古寺庙（定慧寺、万佛塔）、古树木（六朝柏、宋代槐、明代银杏）、古碑刻及崖铭文物等皆著称于世。焦山的寺庙、楼阁等名胜古迹大多掩映在山荫云林丛中，故有“山裹寺”之谚。定慧寺（焦山寺）始建于东汉兴平年间，距今已有 1800 多年历史。“定慧”二字，取于佛家“由戒生定”，即去掉一切私心杂念，思想高度集中；“慧”，即由“闻、思、修”三条途径来增长智慧。焦山多悬崖峭壁，耸峙在万顷碧波之中。

吸江楼

塔脊佛像

焦山行宫

大殿三世如来佛像

板桥书斋

金山寺大门

千年古刹寺裹山，慈寿塔顶览江天。

金山位于镇江市西部，原为扬子江中一个岛屿，由于"大江曲流"，至清光绪末年则与陆地连成一片，面积292亩，海拔43.7 m。金山景点甚多，充满历史传说与神话故事，古人赞为"江南名胜之最"。金山寺已有1600多年历史，清康熙帝曾亲笔题写"江天禅寺"。大雄宝殿以上有观音阁、妙高台、楞伽台，碧映丹辉。由楞伽台循级北登，可至金山的顶峰留云亭，亭内有康熙帝御笔"江天一览"石碑。山顶慈寿塔，初建于齐梁，距今已1400余年。塔北有法海洞，洞中供有法海、白素贞和小青的石像。

金山寺南门

金山寺古建筑群

大雄宝殿

慈寿塔顶

慈寿塔

慈寿塔远景

古朴庄严的古寺山门

古寺古塔庄严地，巍峨壮观雄江南。

龙华寺位于上海徐汇区的龙华镇，是上海地区历史最久、规模最大的古刹。相传龙华寺始建于三国，吴王孙权为其母所修，距今已有1700多年的历史，现存寺院为清光绪年间重建。龙华寺内景色幽静，殿宇巍峨，金碧钩耀，禅韵庄严凝重。寺内殿堂齐整，布局合理，主要建筑有：钟楼、鼓楼、弥勒殿、天王殿、大雄宝殿、三圣殿等。大雄宝殿，是寺内的主殿。殿中供奉三尊金身“华严三圣”。正中是毗卢遮那佛，又称法身佛。左边是文殊菩萨，顶结五髻，身骑狮子，表示智慧威猛。右边是普贤菩萨，身骑白象，以示尊贵。殿内还陈列一口明朝万历十四年（1586年）铸造的寺钟。

雄伟壮观的古寺宝塔

古寺大牌楼雄姿

壮观的大雄宝殿

大雄宝殿

白鹤丛林古梵宫，壁间留像见真风。
忆师去岁雷峰别，只似南柯一梦中。

净慈寺，是杭州西湖历史上四大古刹之一。因为寺内钟声宏亮，“南屏晚钟”成为“西湖十景”之一。净慈寺在南屏山慧日峰下，是公元954年五代吴越国钱弘俶为高僧永明禅师而建，原名永明禅院；南宋时改称净慈寺，并建造了五百罗汉堂。寺屡毁屡建。现在的寺宇、山门、钟楼、后殿、运木古井和济公殿，都是20世纪80年代重建的。其中大雄宝殿单层重檐，黄色琉璃瓦脊，更显庄严宏伟。特别是一口重达一百多公斤的新铸铜钟，铸有赵朴初等人书写的《妙法莲花经》，计6.8万字。每日黄昏，悠扬的钟声在暮色苍茫的西湖上空荡，激起人们的无限遐思。古时寺后山坡有莲花洞、少林岩，右为石佛洞，东南有欢喜岩。莲花洞无顶，片片石芽从坡地升起，蔚成巨型石莲。志书所载开山祖永明延寿每晚上山坐禅称念“阿弥陀净慈寺佛”。相传因永明大师在此吟诵《莲花经》，上天仙女来此散花，故名莲花洞，又名雨花台。明代司礼太监孙隆曾在崖上镌刻“花雨缤纷”题字，惜已漫漶难见。

寺内古香樟树

净慈寺远景

净慈寺山门

南瓶晚钟钟楼

寺内古建筑群

普贤菩萨

文殊菩萨

大殿佛像

飞来峰牌匾

溪山处处皆可庐，最爱灵隐飞来峰。

灵隐寺又称云林禅寺。现在天王殿前的那块“云林禅寺”巨匾，即是当年康熙皇帝的御笔。又传灵隐寺原来叫“灵鹰寺”。始建于唐初。相传1400多年以前，今秦岭湾门前，有一座笔架山，笔架山左侧，是块凤凰朝阳地。原先这里荆棘纵横，荒无人烟。后有一吴姓僧人在山后住，打柴种地为生。一天，僧人在笔架山丛林打柴，因为天热，将道袍脱下，挂在树枝上，又去忙活。忽然，一只大雁凌空而下，将袍叼走，向南飞去，至现在的灵隐寺落下。吴僧望空向南一路追来，但见此处绿树森森，翠柳成荫。绿影婆娑间，一岭土坨南头北尾；前饮碧水绿荷，后交浮菱青湖；左右两侧隆起两扇翼状土丘；整个地貌有如巨鹰卧地。吴僧人感悟为神灵指点，遂于此焚香祷告，搭棚立寺，故名“灵鹰寺”。从此，灵鹰寺香火兴旺，庙宇初具规模。传至碧钵和尚时，寺内有僧人一百多人，耕地两百多亩，牛十余头，水井十多口，影响到上五府、下八县。

大雄宝殿

一线天群佛

禅寺山门

弥勒佛

佛塔

禅寺迎门墙

观音佛像

释迦牟尼佛

大雄宝殿

历经沧桑几兴衰，而今古寺换新容。

南无禅寺，原为“三姑殿”。据传元末三姑殿建于上杨村，该殿由朱贤桥、荸荠塘、对家畈、叶坞路口、王下滩等村所建。朱元璋带兵攻打金华时，三姑殿被毁。由于该庙场面开阔，拓展空间较大，管理人员顺应信徒要求，并经有关部门同意，在原三姑殿南邻拟增建大雄宝殿、天王殿、观音殿和地藏王殿。大雄宝殿首先于 2005 年开工兴建，于当年落成。这样的规划绝非一个“三姑殿”的名字所能涵盖。为此，本寺管理人员陈献根、王锡成、章有启、贾根松一行四人，于 2005 年 5 月 7 日前往浙江普陀山拜谒金华籍主持、中国佛教协会前会长、全国政协常委、浙江省佛学会会长戒忍，请他将“三姑殿”改名为“南无禅寺”，并为新寺名和大雄宝殿题字。

寺庙古建筑群

观音阁

千手观音头部

释迦牟尼佛

左侧罗汉

普贤菩萨

韦陀佛

普陀仙境牌坊

海天佛国入圣景，山环水绕涤心灵。红尘多少荒唐梦，木鱼声声催人醒。

普陀山普济寺位于永春县普陀山灵鹫峰下，初建于元朝（1206 ~ 1368 年）。清康熙（1662 ~ 1723 年）赐名普济寺，有殿宇 10 余处，楼栋 12 座，加上堂、轩等共 300 余间，规模宏大，建筑雄伟，为普陀山寺院之首。主殿为大圆通宝殿，供奉观音大士，和一般寺院主殿供奉如来佛不同。观音坐像高 6.5 m，莲花座高 2.3 m，庄严慈祥，极为气派。四周还有三十二化身像，为观音教化众生而化出各类人像。此属观音道场所特有。寺区内五步一殿，十步一阁，殿宇间古木参天，宝鼎蒙烟。沿中轴线依次筑有御碑殿、天王殿、大圆通殿、藏经楼、方丈殿、灵鹫楼。主殿两旁有普门、文殊、普贤、地藏四菩萨配殿。

普济寺门外景观

大圆通殿

大寺后殿

大殿屋脊装饰

寺内百年香樟古树

大殿内佛像

钟楼

铜狮

蓉城自古寺庙多，文殊古刹最为先。

文殊院坐落于天府之国成都市中心，占地 90 余亩，四川著名佛寺，全国佛教重点活动场所，中国佛教禅宗四大修持场所之一，省级文物保护单位。它的前身是唐代的妙圆塔院，宋时改称“信相寺”。后毁于兵灾。传说清代有人夜见红光出现，官府派人探视，见红光中有文殊菩萨像，便于康熙三十六年（1697 年）集资重建庙宇，称文殊院。1988 年所新建的一座千佛和平塔（铁塔）初建于隋朝，迄今已有 1300 多年历史。明朝末年，该寺毁于战火，康熙年间，慈笃禅是由在废墟中结茅打坐，诵经修持，于禅定中出现红光，化出文殊菩萨形象，谓其是文殊菩萨的化身，因此改名为文殊院。

文殊阁

古建筑群

大雄宝殿

文殊牌坊

石象

乌尤寺远景

竹杖绳床开胜境，莲花贝叶悟禅机。

乌尤寺位于四川乐山市东岸，与凌云山(乐山大佛)并列，原名正觉寺，创建于唐，北宋时改今名。乌尤寺位于四川省乐山东的沫水（大渡河）、若水（青衣江）和岷江汇合处的乌尤山顶。乌尤寺的开山祖师是唐代僧人惠净，禅师结茅山中，十年不下山。现后山顶建有结茅亭，亭壁上刻着“唐惠净上人结茅处”八字。唐代诗人岑参任嘉州刺史时，曾上山参拜惠净大和尚，并作《上嘉州青衣山中峰题惠净上人幽居寄兵部杨郎中》诗，有“诸岭一何小，三江奔茫茫。兰若向西开，峨眉正相当。猿鸟乐钟磬，松萝泛天香”之句。这说明岑参访惠净上人时，寺已建成。乌尤寺原名正觉寺。宋朝年代改名乌尤寺。寺内建筑结构森严，殿宇共有七座，都集中在乌尤山头，现保存完整的殿宇有天王殿、弥陀殿、弥勒殿、大雄殿、观音殿、罗汉堂等。由前殿西行还有怡亭和尔雅台等胜迹。尔雅台是汉代文学家郭舍人在乌尤山注释《尔雅》的地方。

敬香

大殿

香客不断

乌尤胜蹟

无量寿佛

右列罗汉

观音驾凤凰

济公禅师

一路登高

山寺凌云

大雄宝殿

天下山水胜之在蜀，蜀之山水佳在凌云。

凌云寺又称大佛寺，位于凌云山栖鸾峰侧，与乐山大佛相邻。创建于唐代，后荒废。今寺为明、清所建，有天王殿、大雄殿、藏经楼、东坡亭、竞秀亭等建筑。凌云寺建筑雄伟，布局严谨，风景秀丽，有“天下山水胜之在蜀，蜀之山水在嘉，嘉之山水在凌云”之誉。岩壁刻有“苏东坡载酒时游处”题字，清晰可见，其上有建国后修复的苏东坡载酒亭。凌云寺位于四川乐山县城乐岷江、青衣江、大渡河汇流处凌云山的栖鸾峰上。乐山有"凌云九峰"，唐代时已成为佛教圣地。据记载，唐代各峰皆建有寺庙，保存至今的佛寺只有凌云一座。 凌云寺始建于唐初武德年间（618～626年），明末毁于兵火，现存建筑多为清康熙元年（1667年）所重建。该寺之得名，主要是临江崖上凿成的一尊弥勒佛坐像，它就是名扬中外的乐山大佛，又称凌云大佛。因此，人们又多把山上的凌云寺称为大佛寺，自古就有“上朝峨嵋，下朝凌云”之说。

释迦牟尼佛

藏经楼

香火缭绕

天王殿

翠竹黄花皆佛性，白云流水是禅心。
——清·吴擎

报国寺位于峨眉山麓，是峨眉山的第一座寺庙，为峨眉山佛教活动的中心。四川峨眉山的众多寺庙里，报国寺是入山的门户，是游峨眉山的起点。寺周围楠树蔽空，红墙围绕，伟殿崇宏，金碧生辉，香烟袅袅，磬声频传。古寺坐西向东，朝迎旭日，晚送落霞。位置前对凤凰堡，后倚凤凰坪，左濒凤凰湖，右挽来凤亭，恰似一只美丽、吉祥，朝阳欲飞的金凤凰。山门前有一对明代雕刻的石狮，造型生动，威武雄壮，就像左右门卫，守护着这座名山宝刹。山门上的“报国寺”大匾为清康熙皇帝御题。

藏经楼

报国寺大门

层林环绕

峨眉山山门

香火缭绕

钟楼

大佛禅院大门

金碧辉煌耀人间，气势磅礴冠群芳。

大佛禅院原名大佛寺（民间又称大佛殿），原址位于峨眉山市区东郊，明代无穷国师开创，历时15年建成。寺院占地300余亩，拥有多重大殿、140多间禅房。因寺内大悲殿供奉了一尊高12 m的千手千眼观世音菩萨铜像，明万历皇帝的母亲慈圣皇太后特意赐寺名“大佛寺”。民国28年（1939年），抗日战争期间，为避日机轰炸，国民政府将故宫博物院的文物运到峨眉，保管于大佛寺内，派兵把守。1958年“大炼钢铁”时，千手千眼观世音菩萨铜像被毁炼钢，寺院由此消失。政府于1995年批准峨眉山佛教协会筹资在城南郊白塔山购地226亩，恢复重建大佛寺，并改名为“大佛禅院”。

金鼎佛塔

韦驮殿

大雄宝殿

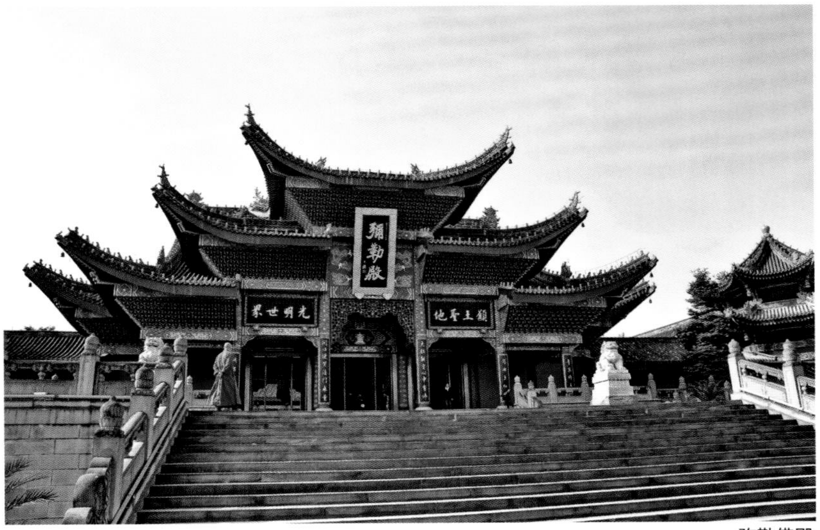
弥勒佛殿

文殊殿

观音殿

藏经楼

屋脊装饰

殿顶装饰

释迦牟尼佛

罗汉

千手观音

韦陀神

飞来峰上殿飞来，高阁山门赛蓬莱。
南来北往香火旺，九蟒殿前洗凡胎。

飞来殿建于宋代，位于峨眉县城北五里的飞来岗上，原为道观，祀东岳大帝像，名为齐天五行庙。现为国家级的文物保护单位。飞来殿是一座单檐歇山式木结构建筑，藻井绮丽，建筑雄伟。寺内有正殿、五岳殿、香殿、九蟒殿等。1959 年，东岳大帝像和佛像被毁，成为空庙，近年经修缮，增建亭榭，培植园林，已成为峨眉山旅游区的一处旅游胜景。从宋代以来，峨眉山大庙飞来殿经历了重建、再建和重修。现存的建筑以古代木结构建筑群为主体，保存了宋、元、明、清四个朝代的各类风格木结构建筑共两千多平方米，由山门、九蟒殿、观音殿、香殿、飞来殿等组成，皆为单檐歇山式木结构建筑，被专家们赞誉为是国内不可多得的中国古建筑博物馆。

飞来殿

清虚殿

香殿

观音殿

飞来殿山门

九蟒殿

天皇殿长廊

观音佛

玉皇大帝

曲径通幽古木参天，奇花异草四时峥嵘。

圣寿寺是由南宋高僧赵智凤于公元 1178 年始建的一座密宗禅院，原称五佛崖。寺院规模浩大，势振朝野，历八百余载，数度兴废，名僧辈出。公元1504年，僧录完公奉朝命将孝宗皇帝手画水莲观音像送五台、普陀、宝顶供侍，时三山齐名海内。据《重修宝顶山圣寿寺碑》记载：宋高宗绍兴二十九年（1159 年）七月有四日，有曰赵智凤者，命工首建圣寿本尊殿，因名其山曰“宝顶”。发宏誓愿，普施法水，息灾捍患，远近莫不皈依。山之前岩后洞，琢诸佛像，建无量功德。明代为宝顶全盛时期。至明永乐十六年（1418 年）蜀王命慧妙禅师“葺其榛莽”而始重建。现殿堂基址，皆明代遗迹。圣寿寺住持由蜀王任命，并造万佛楼以示纪念。明末兵乱，寺又毁，清康熙甲子（1684 年）性超禅师重建。乾隆二十三年（1758 年）慧心住持，寺得中兴。

禅寺佛塔

千手佛

禅寺山门

禅寺大殿

重庆慈云寺山门

南山慈云寺大门

云归远处山疑赴，风撼危岩寺欲飞。

慈云寺位于重庆市南岸区玄坛庙狮子山麓，濒临长江。寺门左侧卧一石刻青慈云寺狮，与长江对岸的白象街遥遥相望，素有“青狮白象锁大江”之说。始建于唐代，重修于清乾隆年间，原为观音庙。1927 年云岩法师募资扩建，更名慈云寺，是当时全国惟一僧尼合庙的佛教寺院。慈云寺建筑具有中西风格，在中国佛教寺院中独树一帜。寺内主要建筑采取有大雄宝殿、普贤殿、三圣殿、韦驮殿、藏经楼、钟鼓楼等。慈云寺所藏文物玉佛、金刚幢、千佛衣、藏经、菩提树等并称五绝。藏经楼藏有珍稀本影印宋版《碛砂大藏经》一部计 6363 册，以及佛教经典、金绣佛挂像、千佛衣、古代指书指画和日本早年出版的全套佛像影画等。还有一棵国内罕见的菩提树，系 60 年前自印度移植，如今已枝繁叶茂。

南山慈云寺大佛雪景

大雄宝殿

慈云寺外景

观音佛像

释迦牟尼佛

韦陀佛

主敬存诚

卧佛

弥勒佛

大雄宝殿

顶天立地白崖山，暮鼓晨钟诵古禅。
苦守菩提能顿悟，知足常乐享天年。

宝轮寺位于距城西14 km的古镇瓷器口，它建于西魏年间（533～556年）距已有1500多年的历史。宝轮寺坐落在马鞍山上。前临滔滔不绝的嘉陵江，背倚高耸险峻的白崖山晨雾。晨雾里远观之，像一艘在茫茫大海上驶向彼岸的船。暮色苍茫中德尔寺院钟声又唤起人们无尽遐想。来到大山门，两侧门柱上的抱对醒目映入眼帘“佛刹隐禅机且喜光明随心至，寺门通大道何忧风雨阻客来”。进山门后是坐落在中轴线上的天王殿，该建筑采用的是两重殿结构建筑形式，在天王殿的两侧是两座造型别致的钟鼓二楼。在钟楼的下面是地藏殿，鼓楼外可供游人极目远眺。

瓷器口与宝轮寺

石洞

慈航普度

宝轮寺山门

宝轮塔远景

登山台阶

宝轮寺远景

石幢

石狮

弥勒佛

圆通宝殿

入门不见寺，十里听松风。
香气飘金界，清阴带碧空。
霜皮僧腊老，天籁梵音通。
咫尺蓬莱树，春光共郁葱。
——清·康熙

成都昭觉寺位于成都市北郊 5 km，素有川西“第一禅林”之称。唐代贞观年间始建为佛刹，名建元寺。唐僖宗乾符四年（877 年）改名为“昭觉寺”。北宋真宗大中祥符元年（1008 年）进行全面修复，殿堂房舍增至 300 余间，建有大雄宝殿、唱梵堂、罗汉堂、六祖堂、翊善堂、列宿堂、大悲堂、轮藏阁等主体建筑，塑像、画像、碑记、寺额等恢复旧貌。1919 年，朱德曾在昭觉寺避难。他住在现寺内的八仙堂，与当时方丈了尘法师相交甚深。近代画家张大千曾在昭觉寺住了 4 年，潜心研究绘画艺术，也给寺内留下了不少珍贵手迹。

昭觉寺大门

百年古木黄葛树

大觉宝殿

藏经楼

清定佛塔

钟楼

大殿屋脊装饰

塔尔寺正门

千年古刹塔尔寺，十万藏佛金瓦殿。

塔尔寺位于青海省湟中县鲁沙尔镇南面的莲花山中，距省会西宁市25 km。它与西藏的甘丹、哲蚌、色拉、扎什伦布寺和甘南的拉卜楞寺并称为我国藏传佛教格鲁派六大寺，是格鲁派僧人和信教群众的宗教活动中心之一。塔尔寺是藏传佛教格鲁派的创始人宗喀巴大师的降生地。全寺占地600余亩，僧舍房层9300多间，殿堂52座，僧人最多时达3600余人。大金瓦殿和大经堂为全寺主体建筑。

祈寿殿

大殿屋脊金塔

寺内来往僧人

藏经楼

大殿佛像

菩逝八塔

长排的转经筒

城隍殿

教子读书，纵不超群但可脱俗；
督农耕稼，虽无大余但省求人。

北禅寺位于西宁市北湟土楼山峭崖间，为一道观寺院。历史上多称为土楼山寺，现多称为北禅寺。始建于北魏，已有1500多年的历史。史称北禅寺依山傍水、发育完好的丹霞地貌向里凹进，形成大小不等的洞穴，素有“九窟十八洞”之称。现有的洞窟中还保留着部分从隋唐至永庆年间的壁画，艺术价值很高，曾有“西平莫高窟”之称。东侧倚山矗立着一座高达30 m的巨大佛像“露天金刚”，雄浑粗犷；山顶有一座宁寿塔，现大殿内供奉王母娘娘塑像一尊。

土楼观

上层栈道

观音殿

北禅寺大门

王母大殿

香塔

大雄宝殿

古寺百丈高，佛光千秋照。

法幢寺位于青海省西宁市南山丁香园内，是青海省最大的汉传佛教寺院。供奉有释迦牟尼佛、阿弥陀佛、药师佛等。1958 年宗教改革中，法幢寺停止宗教活动，1979 年恢复。该寺 1979 年由润林法师重建，最后一次修整是 1982 年。法幢寺内重要文物有千手观音画、药师佛、十六尊者等，千手观音画是镇寺之宝。重要的植物是旃檀树，为释慈云于 1985 年种植。寺中有碑刻一块，刻有《因缘心咒》。寺内珍藏佛经三部，有《法华经》《华严经》《般若经》等。

大殿罗汉塑像

大殿精美的雕刻装饰

转经筒前人不绝

法幢寺全景

天王殿

释迦牟尼佛像

观音佛像

大雄宝殿

水声琴韵古　山色画图新

圆通寺坐落在圆通山南，前临圆通街，后衔圆通山，与昆明动物园毗连，布局严谨、对称，主体突出，是昆明最古老的佛教寺院之一。圆通寺坊表壮丽，林木苍翠被誉为“螺峰拥翠”、“螺峰叠翠”，一直是昆明的八景之一，如同一座漂亮的江南水乡园林。从建筑学上讲，它闹中求静，以小见大，并借背后螺峰山之景，形成别具一格的水院佛寺，在中国的造园艺术中具有独特的风格；圆通寺正门位于圆通街，进入寺院越向里走，地势越低，这在我国寺庙建筑上是较为罕见的“倒坡寺”。从唐时南诏国在此建“补陀罗寺”算起，圆通寺已有 1200 多年的建寺历史，是中国最早的观音寺，比浙江普陀山的观音道场还早 100 多年。同时，它也是现在昆明市内最大的寺院，在中国西南地区和东南亚一带都享有盛名。

铜佛殿

大法会

藏书楼

惠日高悬

释迦牟尼佛

铜佛

天王殿

缘得鉴山禅寺悟　笔临阳朔万峰高

始建于唐开元初年（公元 713 年），是桂林市最早的古寺之一，历经宋元明清等朝代，其香火旺达 1200 余年。据史料记载，唐代著名高僧鉴真大师第五次东渡日本未果，由海南岛返回扬州途中，乘水路从梧州抵达桂林，在桂林休整一年，期间鉴真大师常在鉴山寺讲学受戒。鉴山寺属仿唐佛教建筑，其规模之大，堪称广西最大寺院。寺名由中国著名书法家，已故中国佛教协会会长赵朴初题。由一代名僧妙湛大和尚高徒，上过三个大学的本如法师出任该寺方丈。雅，雄伟壮观，仿唐代古建筑风格，总建筑面积 5589 m^2；建筑群体坐南向北，主要殿堂是典型古寺布置方式定位，中轴设有照壁、山门、天王殿、大雄宝殿、藏经阁；东西向设有观音殿、文殊殿、普贤殿、地藏殿、钟鼓楼、画廊、碑亭；各殿堂是供游客游览、了解佛教文化渊源、进行佛事交流活动、进香参拜的场所；山门东西两侧设有斋堂、香客楼以满足佛教信徒用餐及住宿。

禅寺山门

大雄宝殿

古建

悟

释迦牟尼佛

弥勒佛

香炉

群山环绕

天王

寺内古建筑群

进山不见寺，进寺不见山。

涌泉寺位于鼓山山腰的白云峰麓，始建于梁开平二年（908 年），为福建五大禅林之首。相传因寺前有一股泉水（即罗汉泉）涌出地面而得名。占地 25 亩，有大小殿堂 25 座。由山麓循古道入寺，有 2145 级石阶。这里原为一深水潭，五代后梁开平二年（908 年），闽王王审知填潭建寺，初名“国师馆”，并设寺田。明永乐五年（1407 年）改称“涌泉寺”。现存主要建筑尚有天王殿、大雄宝殿、法堂、钟鼓楼、白云堂、明月楼、对箭堂、藏经殿、回龙阁等，均为清代及近代重建。天王殿殿前悬“涌泉寺”大金匾，系清康熙皇帝“御笔颁赐”。

寺内千年铁树

钟楼

山门

大雄宝殿

石门

上善若水石刻

禅林幽趣石刻

玉佛殿

四朝荔枝结硕果，巨钟千古响唐音。

西禅寺名列福州五大禅林之一，为全国重点寺庙，位于西郊怡山之麓。原为王霸仙人修道的场地，唐代改建为佛寺。内有天王殿、大雄宝殿、法堂、藏经阁、玉佛楼、观音阁以及客堂、禅堂、方丈室等大小建筑 36 座，占地 7.7 公顷。放生池的九曲桥有似江南园林格局。华严三圣佛殿，与西禅古寺 3 殿坐落在一个中轴线上。观音阁正中新塑一尊千手千眼观世音佛像，纯用黄铜铸成，重达 29 吨，为全国仅见。阁前玉佛楼一楼为身高 2.3 m 之释迦牟尼正面坐像；二楼为卧佛，身长 4 m，重 10 吨，为释迦牟尼卧像，居全国最大的玉佛之一。新建的报恩塔高 67 m，15 层，为国内最高的石塔。塔旁新筑一座罗汉阁，塑有 500 罗汉，各具神态，栩栩如生。

五百罗汉殿

报恩塔

古建筑群

水中观音佛像

九曲桥

罗汉神态各异

卧佛塑像

天王殿

寺院大门

松竹翠壑掩普陀，闽南佛教第一胜。

南普陀寺在厦门岛南部五老峰下。始建于唐代，为闽南佛教圣地之首。寺内天王殿、大雄宝殿、大悲殿建筑精美，雄伟宏丽，各殿供奉弥勒、三世尊佛、千手观音、四大天王、十八罗汉等。寺后崖壁“佛”字石刻，高一丈四尺，宽一丈。寺后五峰屏立，松竹翠郁，岩壑幽美，号“五老凌霄”，是厦门大八景之一。南普陀寺历来是临济喝云派的子孙寺院。民国十三年（1924 年）在寺内创办闽南佛学院。会泉和尚退任后选聘当代高僧太虚大师为继任方丈，主办学院。从此，海内高僧相继往来住锡传经，十方佛子竞相入院参道修学，一时佛门称盛，名闻中外。

寺院古建筑群

大殿屋脊装饰

门前大象雕塑

大殿屋檐装饰

屋脊端头装饰

大殿屋顶装饰

九仙阁

空中楼阁石竹寺，祈梦九仙佑平安。

石竹寺位于福建省福清市石竹山，全程 1400 级台阶，8 座凉亭，步行约半个多小时可至石竹寺。寺后群峰嵯峨，四周绿竹耸立，红墙碧瓦，典雅清幽。寺始建于唐大中元年（847 年），初名“灵宝观”。宋乾道九年（1173 年）丞相史浩重修时，因周围多奇石幽竹，遂改名“石竹寺”。现寺院内建有九仙阁、玉皇阁（天君殿）、土地厅、观音大士殿、紫云楼、玉皇行宫、大悲殿等。石竹寺有两大特色，一是以道教为主，道释儒三教长期共存、和睦相处；二是民间梦文化活动经久不衰，其中九仙阁内供奉“何氏九仙”，即是祈梦场所。寺外崖石上留有“石竹仙山，白日做梦”摩崖题刻。寺之西侧有蟠桃洞、仙桥、石门、出米石等胜景。

石竹湖

何氏九仙塑像

石竹寺长廊

石竹山道院

仙人桥

禅寺山门

花塔六榕缘古寺，菩提树下净凡尘。

六榕寺位于广州市的六榕路，该寺离光孝寺不远，是广州市一座历史悠久、海内外闻名的古刹。寺中宝塔巍峨，树木葱茏，文物荟萃，历史上留下不少名人的足迹。六榕寺始建于梁大同三年（537 年），后北宋初毁于火灾，宋端拱花塔二年（989 年）重建，改名为净慧寺。后苏东坡来寺游览，见寺内有老榕六株，欣然题书“六榕”二字，后人遂称为“六榕寺”。同时，六榕寺和寺中的花塔一样，历来为人们所称颂，加之历史地位与光孝寺齐名，素有“光孝以树传，净慧以塔显”之称。净慧是六榕寺的别称。寺内有名塔为千佛，因其塔身斑斓，又称“花塔”。花塔高 57 m，11 角形，外 9 层，内 17 层，是广州有名的古代高层建筑。

六榕塔

观音 菩萨

光孝寺大门

六祖佛塔

六祖坛经传至今，菩提树下禅机深。
一方净土隐繁市，多少尘心浴梵音。

光孝寺坐落于光孝路，始建为南越王赵佗（220~265 年）之孙赵建德的住宅。南宋绍兴二十一年(1151 年)改名光孝寺。此名一直沿用至今。光孝寺在中国佛教史上具有重要地位。南北朝梁朝时代，印度名僧智药禅师途经西藏来广州讲学，并带来一株菩提树，栽在该寺的祭坛上。唐仪凤元年（676 年），高僧慧能曾在该寺的菩提树下受戒，公元 749 年，唐代高僧鉴真第五次东渡日本时，被飓风吹至海南岛，然后来广州，也在此住过一个春。 光孝寺的历史源远流长。民谚说：“未有羊城，先有光孝。”

大雄宝殿

大殿屋脊龙吻

放生池内游鱼

大门石狮

释迦牟尼佛

佛光寺正门

五百群佛活灵现，百尺大佛犹慈航。

佛光山位于台湾省高雄县大树乡东北区，有“南台佛都”之号。其创始人威望都极高的星云大师，于 1967 年在高雄县开创此佛光山。其中气派的建筑、宽广的庙宇，繁多的佛像，秀丽的庭院，精美的殿阁等皆与众不同，独树一帜。不二门后，五百尊白玉雕刻而成的阿罗汉，栩栩如生，每尊形貌、表情各异其趣，是佛光山的“灵山胜境”。殿内塑有高约 7m 的三尊大佛像，中为娑婆世界教主释迦牟尼佛，右为西方极乐世界教主阿弥陀佛，左为东方琉璃世界教主药师佛，均为盘膝坐莲金身。大殿中有两座全世界最高的宝塔灯，安置于佛座两边，以示佛法的光明普照人寰。此宝塔灯每座直径六台尺，高约三十台尺，计七十二层，镶崁有七千二百尊佛像。此外，大殿四壁上建有 14600 个佛龛，各龛均供奉一尊小佛像，佛前装小灯，殿内 14600 个长明灯映着三尊大佛，金碧辉煌。

万佛亭

台湾佛光山山门

千佛殿

华藏玄门

佛光山大佛

千佛塑像

童趣

观音塘山门

香烟袅袅佛灯辉，仙山金镜观音塘。

大理观音塘位于大理市七里桥乡南部，莫残溪北岸，距市区下关9 264 km。观音塘建于明代，坐西向东，大门宛若凤凰展翅。穿过门廊，“妇负石”屹立池中，石上观音阁，犹如一座海上神宫。阁东有一小石桥，直通二殿，殿上匾额书写：“仙山金镜”四个大字。殿旁有路两条，直通大殿，位高势雄，颇为壮观。寺内各殿，分别塑有十八罗汉，观音老祖、各天星君、三世佛等像。寺内题匾数以千计，碑碣叠列。寺内有奇花异卉，四时不绝。观音堂四时香烟袅袅，烛煌灯辉。始建时以观音阁为主体，至清代重修，在修缮观音阁的同时，又增建其他殿宇。

天王殿

观音佛像

观音阁

观音阁全景

佛塔

為國求賢
場

庙

庙，又称宗庙，是君主供奉祖宗的地方。古时亦多指奉祀祖先与先圣先贤的宗庙，有太庙、文庙、武庙、家庙等，后来广泛应用于祭祀其他神祇的宗教建筑，如城隍庙、妈祖庙等。

城隍庙正殿

做个好人心正身安魂梦稳，
行些善事天知地鉴鬼神钦。
——上海城隍庙大殿楹联

上海市老城隍庙坐落于上海市最为繁华的城隍庙旅游区，是上海地区重要的道教宫观，始建于明代永乐年间（1403 ~ 1424 年），距今已有近六百年的历史。从明代永乐（1403 ~ 1424 年）到清代道光（1821 ~ 1850 年）上海城隍庙的庙基不断扩大，宫观建筑不断增加，最为繁盛时期，总面积达到 49.9 亩土地，约 3.3 万多平方米。作为上海地区重要的道教宫观，上海城隍庙在“文革”时期，自然也遭受了重大的打击，神像被毁，庙宇被挪为他用。1994 年，随着宗教信仰自由政策的逐步落实，上海城隍庙得到恢复，重新成为由正一派道士管理的道教宫观。2005 年，上海城隍庙大殿前厢房的使用权得以归还，随即开始了二期修复工程。今天的上海城隍庙，包括霍光殿、甲子殿、财神殿、慈航殿、城隍殿、娘娘殿、父母殿、关圣殿、文昌殿九个殿堂，总面积约 2 千余平方米。

城隍庙西门

城隍善恶报应吏

感应正神

文昌殿

城隍衙官

关公殿

文昌君

观音菩萨

关帝庙

苏武牧羊雕塑

苏武魂销汉使前，古祠高树两茫然。
云边雁断胡天月，陇上羊归塞草烟。

苏武于纪元前100年奉汉武帝命，出使匈奴，被囚禁北海牧羊19年，坚贞不屈。后来汉武帝去世，昭帝即位，汉朝与匈奴修好，苏武归汉。苏武的民族气节从此流传千古。 但北海所指何处？历史上似乎一直不大清楚。清代王先谦所撰《汉书补注 · 李广苏律传》有记载“唐书地理志骨利干都播二部落北有小海，冰坚时马行八日可渡，海北多大山，即此北海也。今日白哈儿湖，在喀尔喀极北，鄂罗斯国之南界。”所记“白哈儿湖”应为现称的贝加尔湖。过去所见文献都从此说，一无异议，似乎已成定论。

苏武庙外景

真武庙

真武天尊

关公神像

左星宿

右星宿

慈心劝众生诸恶切莫作，悲愿救迷津众善必奉行。

灵武高庙又称上帝庙、玉皇庙，原名为玄武观，始建于隋开皇二十年（600 年）。1941 年 5 月 3 日高庙重建，庙宇建筑面积 2 000 m^2，正殿高 30 m，台基高 11 m，整体庙宇坐北朝南。主要建筑有南天门、观音阁、无量殿、王母殿、玉皇殿、三清殿，两侧有钟鼓楼、文昌阁、武昌阁、天王殿等 11 座建筑物。门楼雕刻图案精美，楼顶藻井构图色彩艳丽。壁面名人书画墨气淋漓，各具千秋。一些历史传说绘画栩栩如生，想象丰富，形象生动，笔法细腻，具有极高的艺术价值和工艺水平。

山门

大佛殿大门

锺靈毓秀牌坊

高庙古建筑群

大成殿孔子画像

大殿观音佛像

至圣先师碑亭

大殿罗汉佛像

太庙大殿

古柏参天四季青，帝王祭祖祈太平。

太庙位于天安门东侧，建于明永乐十八年（1420 年），为明、清两代皇室祖庙。戟门是太庙第三道围墙的正门，太庙的主体建筑，都在戟门以内。正对门即是太庙前殿，面阔 11 间，黄琉璃筒瓦重檐庑殿顶。殿基为汉白玉须弥座，共设三层；殿前有月台，汉白玉石护栏，望柱头浮雕龙凤纹；白石丹陛上，雕有生动活泼、栩栩如生的狮子滚绣球、海兽以及海水江涯的纹饰。大殿内梁柱外镶沉香木，构件以金丝楠木制成，明间和次间的殿顶、天花、四柱皆贴赤金花，不施彩画，地面满铺金砖。这座前殿是明、清两代帝王年末岁尾举行祭祀活动的场所。前殿两庑各有配殿 15 间，东为供奉有功之皇族神位；西为供奉功臣神位的地方。前殿东南、西南各有燎炉一座，是为焚烧祭品之用。中殿亦称“寝宫”，清代在这里供奉了历代帝、后的神主牌位。

大殿匾额

太庙内门

大殿护栏

太庙古建筑群

玻璃门

寝殿

大殿吻脊

古树瘤

古圆柏云瘤

消防用铜水缸

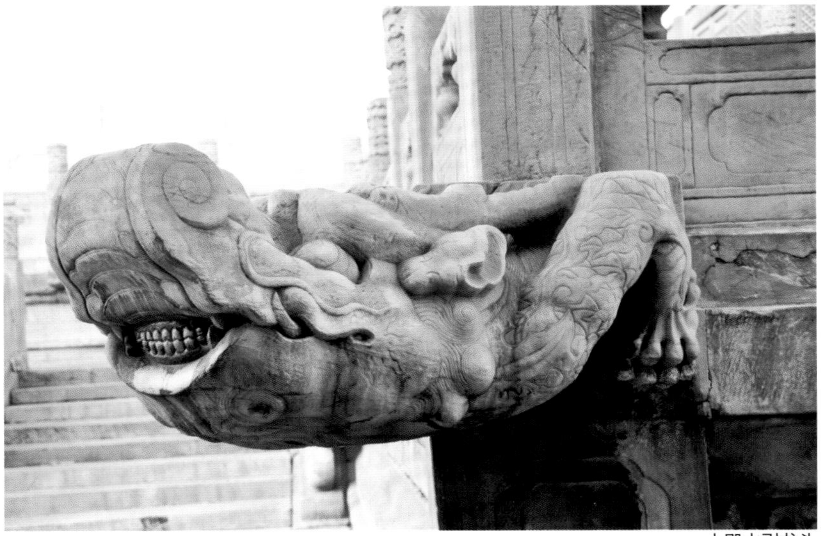
大殿水引龙头

赵云殿

赵云庙山门

五虎殿

白马银枪一代雄，久经战阵血腥红。

1996 年，正定县人民政府斥巨资在清朝道光年间的遗址上第四次重新修建。重修之庙占地 12 亩，建筑面积 1 500 m^2，全部为仿明清式建筑，造型古朴，气势宏伟。其主要建筑有山门殿、四义殿、五虎殿、君臣殿、顺平侯殿。主殿鱼贯中轴，左右配殿翼辅两侧，整个布局开阔大方，整齐匀称。更以碑亭刻石，花草树木点缀其间，尤为肃穆典雅。庙内现存赵云故里碑、赵云饮马槽、练功大石锁、孔明灯、关羽的《风雨竹》、张飞的手书珍品、曹操唯一的存世手迹《衮雪》、岳飞手书诸葛亮的前、后《出师表》以及三国时期保存下来的古兵器等诸多文物。每逢节假日期间，举办放飞孔明灯、精彩武术表演、常山战鼓表演等系列文化活动。

长坂坡救幼主

赵云殿大堂

琉璃牌坊

佛光普护三千界，寿域常开万亿春。

普陀宗乘之庙位于河北省承德市狮子沟北侧，占地 22 万 m^2，为承德外八庙中规模最宏大者。建于乾隆三十六年（1771 年），是乾隆为了庆祝他本人 60 寿辰和他母亲皇太后 80 寿辰而建的。殿宇依山就势，布局自然，富于变化，基本是藏传佛教的建筑风格。主体建筑位于山巅，60 余座（现存 40 余座）平顶碉房式白台和梵塔白台随山势呈纵深式自由布局，无明显轴线。全庙布局、气势仿拉萨布达拉宫，俗称“小布达拉宫”。乾隆皇帝在这里接见了万里东归的土尔扈首领渥巴锡一行，并举行了隆重的讲经、说法、祝寿等活动。

山门

在大红台俯视景观

普陀宗乘之庙全景

大红台远景

大红台幡旗

大红台佛龛

大红台顶部

金殿顶

慈航普度殿

牌坊

佛眼慧望拜佛客，慈航来人福寿增。

须弥福寿之庙，属全国重点文物保护单位，位于承德避暑山庄北面狮子沟南坡。这座庙自山脚顺山势向上延伸，气势雄伟。主体为 3 层高的大红台，中央是一座重檐大殿，名妙高庄严殿，俗称金瓦殿，是庙中最大的殿，殿顶用鎏金铜瓦铺盖，四脊上有 8 条金龙。大红台东南有东红台，西有吉祥法喜殿，为班禅寝殿，重檐歇山顶鎏金瓦顶。殿北有金贺堂和万法宗源殿，是班禅弟子的住处。因为普陀宗乘之庙是仿西藏的布达拉宫而建的，规模比布达拉宫小，所以俗称小布达拉。寺庙修建于乾隆三十二年至三十六年，占地 22 万 m^2，是承德外八庙中规模最大的一座寺庙。

石象

寺庙山门

金殿

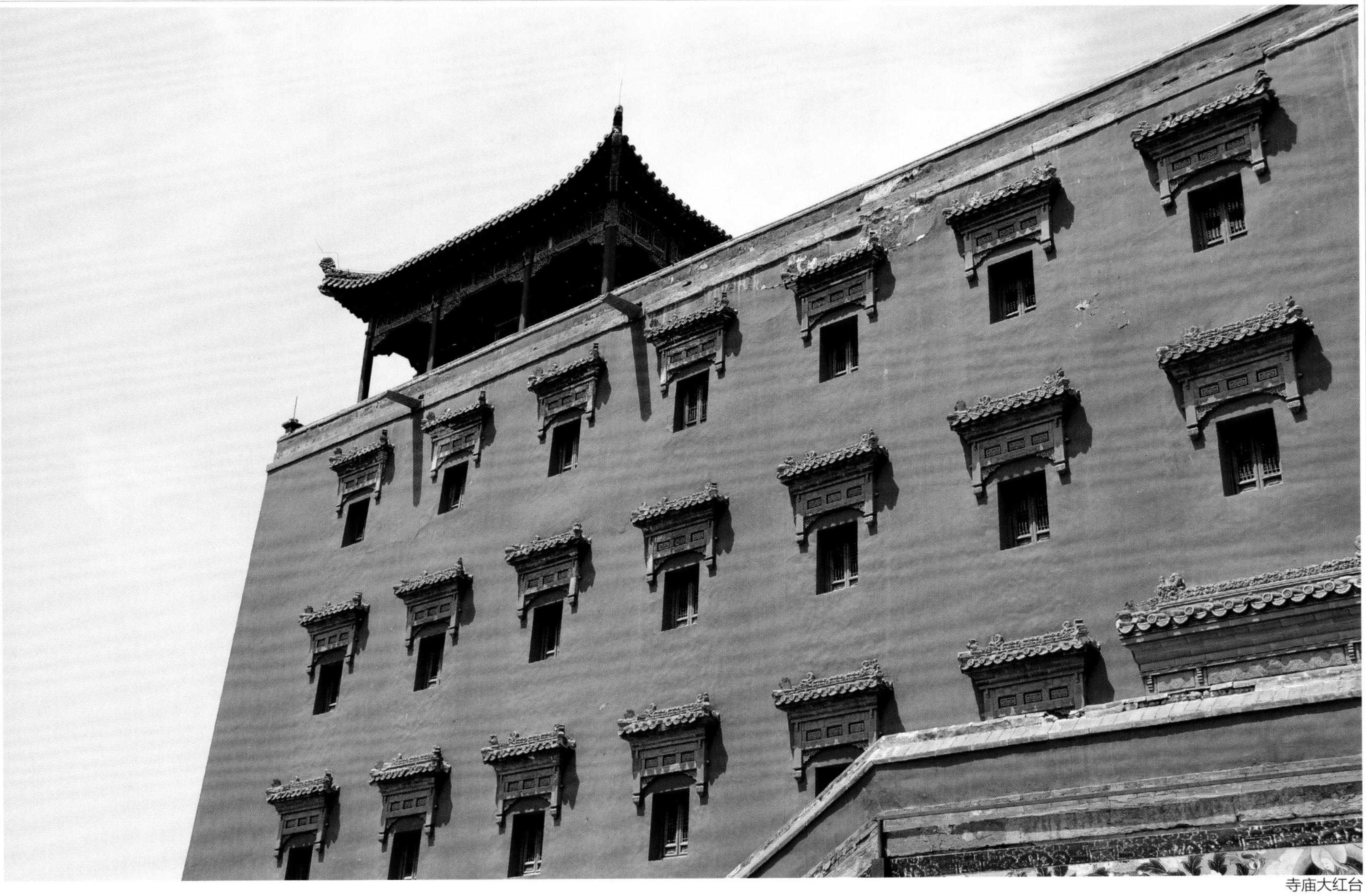
寺庙大红台

寺庙内殿

高层建筑

智光殿

前大门

苍松古柏宫阙深，配天作镇一道观。

岱庙又称东岳庙或泰山庙，位于泰安市区北部，泰山南麓。其南北长 406 m，东西宽 237 m，总面积 9.6 万 m^2，是泰山最大、最完整的古建筑群。岱庙为道教神府，是历代帝王举行封禅大典和祭祀泰山神的地方，素有配天做镇之说。创建历史悠久，有“秦即作畤”“汉亦起宫”之载。明嘉靖二十六年（1547 年）庙内大部分建筑遭到焚毁，清代再次修缮。岱庙内天贶殿为中国皇宫式三大殿之一。在岱庙的汉柏院内，有五株汉柏，树形奇特，其“汉柏凌寒”为泰安八景之一。迎面是配天门，取孔子所言“德配天地”之意。庙内宣和碑高 9.25 m，宽 2.1 m，重 4 万余斤，是海内最大丰碑。

古牌坊

岱庙厚载门（北大门）

宋天贶殿

汉柏

宣和碑

古柏风韵

泰山神塑像

山门

源远流长妈祖庙，千年女神佑平安。

显应宫位于庙岛东部，距长岛县城 2.5 海里，占地 90 多亩。庙岛显应宫始建于宋徽宗宣和四年（1122 年），亦称海神娘娘庙，不仅是我国北方修建最早、规模最大、影响最广的著名的妈祖庙，也是世界重要的妈祖官庙之一，与福建湄州岛妈祖庙并称妈祖“南北祖庭”，宫内存有世界上唯一一尊历史最长的铜身妈祖塑像。明崇祯元年，崇祯皇帝御赐庙额“显应宫”。1969 年文革时期原庙被毁，仅存一镜一像。1983 年重修，1985 年对游人开放。显应宫大殿是全庙最大的建筑，为硬山式结构。殿内，海神娘娘坐像居正中神龛龙墩上，四周有 4 尊侍女，4 尊妇女塑像。殿两侧有 14 尊站班，其中有 4 尊武将分别是千里眼、顺风耳、黄峰兵帅和白马将军；8 尊文官有九江、八河、五湖、四海龙王等；另有老少两尊站班。

庙岛牌坊

万年殿

寿身殿

三元宫

百谷王

大殿圣母塑像

行宫塑像

寝宫塑像

龙凤殿柱

至圣庙牌坊

明宪宗朱见深御制成化碑

千年礼乐归东鲁，万古衣冠拜素王。

曲阜孔庙位于山东曲阜市中部，是祭祀孔子的庙宇。据称始建于孔子死后第二年（公元前 478 年），鲁哀公将其故宅改建为庙。孔庙是世界各国 2000 多座孔子庙的先河和范本。历代帝王不断加封孔子，扩建庙宇，到清代，雍正帝下令大修，扩建成现代规模。庙内共有九进院落，以南北为中轴，分左、中、右三路，纵长 630 m，横宽 140 m，有殿、堂、坛、阁 460 多间，门坊 54 座，其碑刻之多仅次西安碑林，故有我国第二碑林之称。孔庙之规模仅次于故宫，被誉为世界三大圣城之一及世界文化遗产单位。

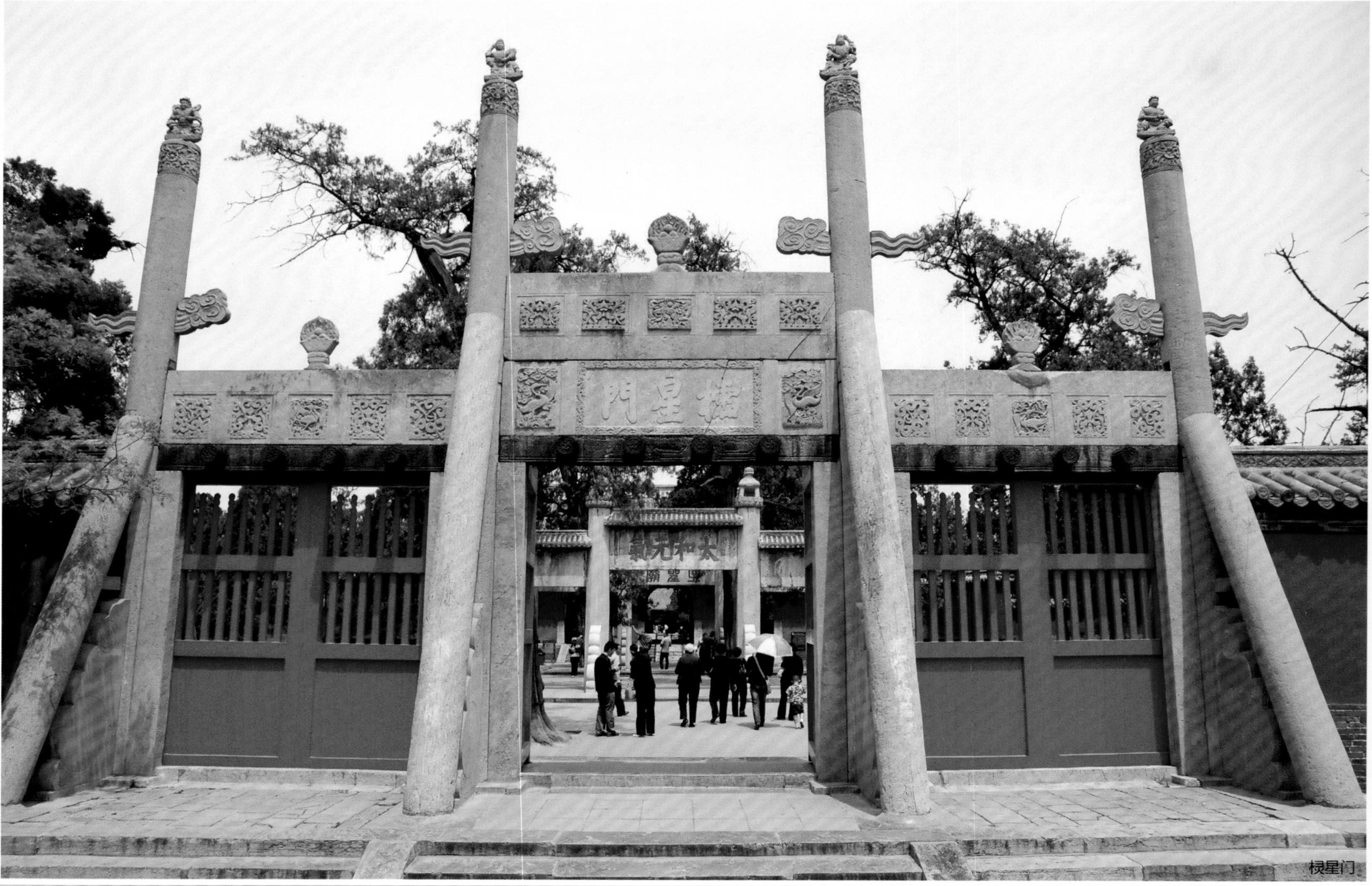

棂星门

圣时门

大成殿

十三御碑亭

庙内参天古书

孔子手植桧

孔子讲学的杏坛

十三碑亭“勾心斗角”式布局

大成殿周围独石雕龙檐柱

棂星门

亚聖殿

望月古槐

孟子塑像

古柏苍苍蔽天日，雕梁画栋似流云。

孟庙又称亚圣庙，在山东省邹城市城南，为历代祭祀孟子之所。孟子，名轲，战国时期著名的思想家。孟庙呈长方形，院落五进，殿宇 64 间，占地 60 余亩。亚圣殿位于南北中轴线上，为庙内主体建筑。据记载，历代重修，达38次之多。现存建筑为清康熙年间地震倾圮后重建。殿7间，高 17 m，横宽 27 m，进深 20 m，双层飞檐，歇山式，绿琉璃瓦覆顶。檐下八角石柱 26 根，中轴线两侧对称排列寝殿等。庙内共有碑碣石刻350 余块，庙内古树苍郁，葱茏茂密，堪称奇观。

古柏

名山第一牌坊

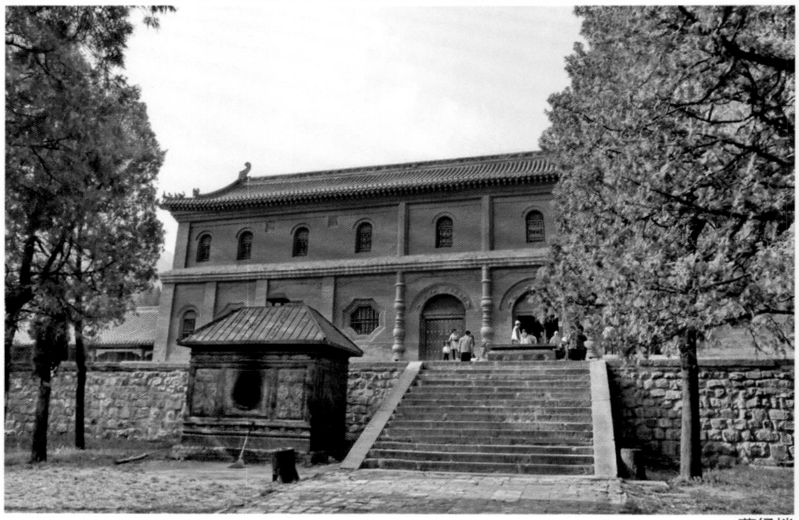
藏经楼

金碧辉煌齐皇宫，气势雄伟冠九州。

嵩山中岳庙位于河南嵩山南麓的太室山脚下，距河南省登封市 4 km，总面积 11 万 m^2，为中州祠宇之冠，也是五岳中现存规模最大、保存较完整的古建筑群。中岳庙的前身为太室祠，始建于秦（公元前 221 ~ 207 年），为祭祀太室山神的场所。武则天于万岁通天元年（696 年）登嵩山封中岳时，加封中岳神，改嵩阳县为登封县。中岳庙的中轴线是一条由青石板铺成的大甬道，共十一进，全长 1.3 华里。现存明清建筑近四百间，金石铸器二百余件，古柏三百余株。

八角亭

嵩高峻极牌坊

庙门

峻极门

峻极殿

铁将军

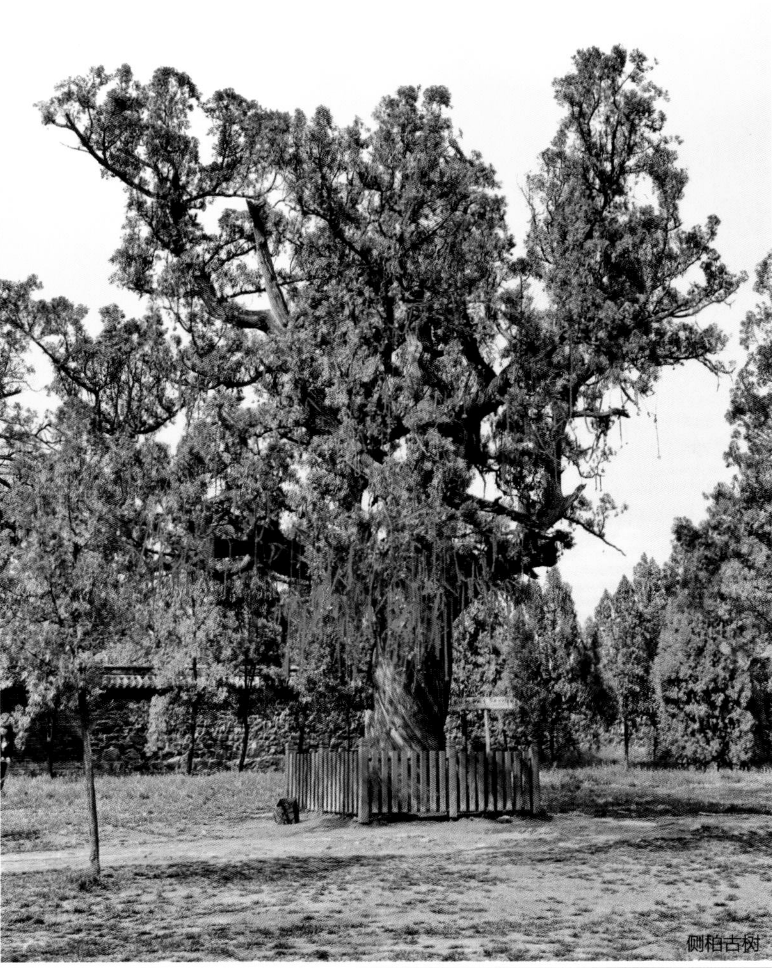
侧柏古树

佛塔

雄伟壮观灵鹫峰，五台第一喇嘛庙。

菩萨顶位于山西省五台山台怀镇的灵鹫峰上，是五台山十座黄庙（喇嘛庙）中的首庙。由于它的建筑雄伟、金碧辉煌，远看好似西藏拉萨的布达拉宫，因此人们又把它叫做喇嘛宫。菩萨顶是满族语言的叫法，意思是文殊菩萨居住的地方。菩萨顶历史悠久，到了清朝，它实际上成了皇室的寺庙，地位极其尊贵。到了清代，由于皇帝崇信喇嘛教，顺治十七年（1660年），遂将菩萨顶由青庙（和尚庙）改为黄庙（喇嘛庙），并从北京派去了住持喇嘛。清康熙年间，又敕令重修菩萨顶，并向该寺授“番汉提督印”。从此，按照清王朝的规定，菩萨顶的主要殿宇铺上了表示尊贵的黄色琉璃瓦，山门前的牌楼也修成了四柱七楼的形式。这在五台山是绝无仅有的，在全国范围内也不多见。自此以后，菩萨顶成了清朝皇室的庙宇。康熙皇帝先后到菩萨顶朝拜了五次，乾隆皇帝朝拜了六次。菩萨顶山门外水牌楼上的“灵峰胜境”，文殊殿前石碑坊上的“五台圣境”，是康熙皇帝亲笔题写的。

佛塔院

勒建真容院

灵峰胜景牌坊

大雄宝殿

二龙戏珠雕塑

释迦牟尼佛像

宗客巴佛像

观音佛像

万代瞻仰牌坊

关帝庙古建筑群

崇宁殿

精忠贯日大义参天，神勇武威气肃千秋。

运城关帝祖庙，位于山西省运城市解州镇常平村，是关羽故里，乡人依祖坟立庙，称之为“关王故里”；从这里西行 10 km，有解州关帝庙，始建于隋文帝开皇九年（589 年），清代重修，规模宏大，布局完整，为我国武庙之冠。庙貌古朴宏丽，且占地二百余亩，被誉为“武庙之祖”，同时也是我国现存规模最大的宫殿式道教建筑群。现存建筑坐北向南，总面积达 18 万多平方米，平面布局，分南、北两部分。主要建筑以牌坊、群子亭、三义阁、端门、雉门、午门、御书楼、崇宁殿为中轴，两侧配以石坊、木坊、钟鼓楼、崇圣寺、胡公祠、碑亭、钟亭等，另外还有“气肃千秋”牌坊、刀楼、印楼等，体现出典型的中国古建筑传统风格，布局严谨，规模完整。我国素有“华夏文庙在山东，武庙在山西”之说。

精美砖刻

关公神龛

绝美屋脊装饰

戏楼

过楼

积德行善上天堂，作恶多端下地狱。

平遥城隍庙是一座年代久远，历史文化内涵丰富，宗教规制齐全的官祀道教庙宇。它以城隍正殿为中心，集六曹府、土地堂、灶君庙、财神庙（附真武楼）四大部分组成，建筑规模宏大，殿宇建筑保存完好，在国内县级城隍庙中当属珍品。城隍庙的历史文化内涵十分丰厚。儒教、道教、民俗文化相融为一体。这些文化内涵不仅体现在泥塑、壁画之中，就连殿宇建筑形式、月台乐楼、木刻砖雕等各个方面，也颇有情趣。每间亭台楼阁，都注重雕梁画栋，精磨细琢，十分考究。庙宇从一个侧面展示了平遥县在明清代商帮经济的发达程度和雄厚财力，以及由此而产生的高雅文化需求。

城隍庙牌坊

庙门

屋脊装饰

龙吻

灶君殿

城隍神

土地爷

各路判官

判罚

阴曹地府

江南贡院牌坊

梨花似雪草如烟，春在秦淮两岸边。

夫子庙位于古城南京秦淮河畔，贡院街旁。人们通常所说的夫子庙，实际上是包括夫子庙、学宫和贡院三大古建筑群。夫子庙是供奉和祭祀孔夫子的庙宇，始建于宋景祐元年（公元1034年），迭经沧桑，几番兴废，现经政府连年拨款兴修重建，使夫子庙以大成殿为主体的既有明清风格，又有庙市街景特色古建筑群拔地而地。夫子庙前的秦淮河自古就是南京名胜古迹集中区和商业繁华闹市，尤其唐代诗人杜牧的《泊秦淮》千古绝句，更使夫子庙名扬天下。经过修复的秦淮河风光带，以夫子庙为中心，包括瞻园、夫子庙、白鹭洲、中华门以及从桃叶渡至镇淮桥一带的秦淮水上游船和沿河楼阁景观。

古秦淮牌坊

江南贡院

大成殿

天下文枢牌坊

夫子庙院内景观

夫子庙大门

鼓楼

钟楼

秦淮河畔

母子买桂圆

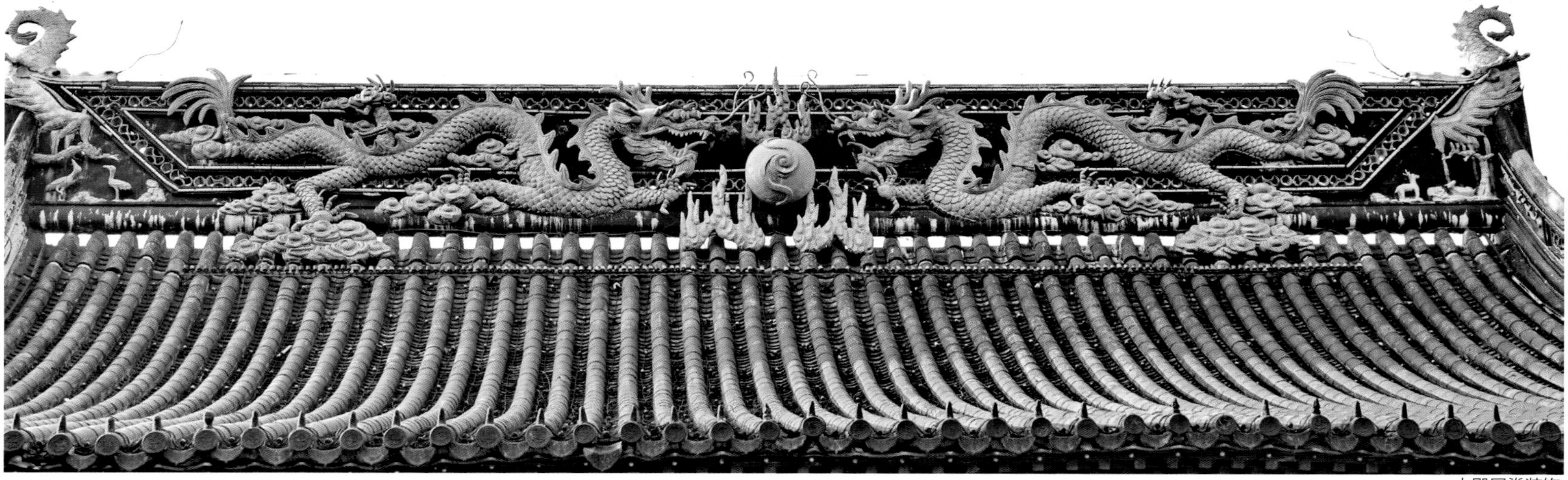
大殿屋脊装饰

秦淮人家

大殿风铃

尊经阁

孔子画像

岳王庙大门

遗恨江山沦半壁，流芳忠孝萃岳门。

岳王庙位于西湖西北角，北山路西段北侧，始建于南宋嘉定十四年（1221 年）。岳飞是南宋初抗击金兵的主要将领，但被秦桧、张俊等人以“莫须有”罪名诬陷为反叛朝廷而被陷害至死。岳飞遇害前在供状上写下“天日昭昭，天日昭昭”八个大字。岳飞遇害后，狱卒隗顺冒着生命危险，背负岳飞遗体，越过城墙，草草地葬于九曲丛祠旁。21 年后宋孝宗下令给岳飞昭雪，并以五百贯高价悬赏求索岳飞遗体，用隆重的仪式迁葬于栖霞岭下，追封岳飞为鄂王。大殿内塑有岳飞彩像，其上有岳飞草书：“还我河山”巨匾。

岳飞墓

碧血丹心牌坊

岳王殿

心昭天日牌匾

双龙戏珠透窗

岳飞塑像

三姑殿

历史久远三姑殿，三霄女仙美名传。

据传元末三姑殿建于上杨村，该殿由朱贤桥、荸荠塘、对家畈、叶坞路口、王下滩等村所建。朱元璋带兵攻打金华时，三姑殿被毁。后这些村根据自身实力分别在朱贤桥、王下滩、叶坞路口等各建三姑殿。“文革”后，各殿及神像基本毁坏，仅剩下王下滩一处的庙宇，却已残破不堪。当时庙宇建筑面积仅有 80 多平方米，占地面积三、四亩。1991 年在村民的努力下修复旧庙宇，并将庙址扩充到 11.4 亩。现城市拓展后，王下滩村被融入到城市中心，属三江街道。三姑殿主要供奉的是道教中的云霄、琼霄、碧霄三位女性大仙。旧时庙会是在农历九月十八日，庙会期间有斗牛、演剧等活动。如今斗牛活动已停止。

三姑殿近景

三姑殿远景

观音菩萨

三姑殿右侧景观

文官

财神

万派朝宗门

古庙正门

龙醒东方舞劲风，千年妈祖显神通。

妈祖阁是澳门最著名的名胜古迹之一，至今已逾五百年，是澳门三大禅院中最古老的一座，位于澳门东南方，建于 1488 年，正值明朝妈祖阁俗称天后庙，相传天后乃福建莆田人，又名娘妈，能预言吉凶，死后常显灵海上，帮助商人及渔民消灾解难，化险为夷，福建人遂与当地居民共同在现址立庙奉祀。四百多年前，葡国人抵达澳门，于庙前对面之海岬登岸，注意到有一间神庙，询问居民当地名称及历史，居民误认为是指庙宇，故此答称“妈阁”，葡人以其音译而成“MACAU”，成为澳门葡文名称的由来。每年春节和农历 3 月 23 日娘妈诞期，即妈祖阁香火最为鼎盛之时。除夕午夜开始，不少善男信女纷纷到来拜神祈福，庙宇内外，一片热闹，而诞期前后，庙前空地会搭盖一大棚作为临时舞台，上演神苏戏。

妈祖阁远景

千佛塔

古建筑群

妈祖阁全景

精巧雕刻

古庙大殿

宫观

宫观，即道观，是各类道教建筑的总称。它是道教徒们修炼、传道和举行各种宗教仪式以及生活的场所，多位于名山大川附近以及大城市里。宫观的建筑形式和布局与佛教寺院的建筑大体相仿，也采用中轴线，院落式布局。

祈福佛事仪式

护国庇民妙灵昭应，弘仁普济福佑群生。

福州马尾船政天后宫位于福州马尾婴脰山，建于清朝同治年间，由当时船政大臣沈葆桢为祈求船政造舰及出海平安所建。占地面积 7 205 m²，建筑总面积 1 500 m²，门楼高 12 m，主殿 5 开间，进深 8.3 m，总布局为一轴二进二院，一进为门楼，二进为供奉妈祖的中堂大殿。正殿供妈祖神像，殿上方有同治御赐“德施功溥”及“天上圣母”匾。1929 年天后宫改为林孝女祠。抗日战争后，宫中文物散失严重，1971 年天后宫被拆毁。2008 ~ 2009 年重建。

祈福参拜仪式

护神塑像

天后宫大门

天后宫大殿

圣境蓬瀛现沈阳，三清黄老渡迷航。

沈阳市蓬瀛宫是东北地区唯一的一处坤道院，沈阳南塔附近，1994年建，1997年对外开放。占地面积3 700多平方米。院内有三居楼宇式殿堂，主要供奉有三清、关帝、七真，另有三间山门，供奉王灵官。山门前有1 500多平方米的花园、绿地，使蓬瀛宫格局紧凑而完整。庙宇为仿明清歇山式建筑，宏伟壮观。殿堂雕梁画栋，足见堂皇；影壁砖雕石刻，更显古朴。庙内清静幽雅，香烟袅袅，时而经声朗朗，是参观朝谒的福地。蓬瀛宫正殿为三层仿明清歇山楼阁式建筑，通宝殿和灵宫殿庙宇为仿明清歇山式建筑。殿堂雕梁画栋异常壮观。蓬瀛宫还有三个特别的地方，一是庙宇为三层楼房式建筑，二是庙内有坤道（女道士）常住，这在国内道教内还是首例。根信众和女冠说，蓬瀛宫也是东北经韵保留最完整的地方。

南塔远景

蓬瀛宫山门

圆通殿

鼓楼

寺院秋色

天官赐福石刻

斗母宫牌坊

斗母宫山门

斗母娘娘殿

碧霞元君殿

寄云楼

千年古刹景幽深，经声佛语净红尘。

斗母宫古名“龙泉观”。它临溪而建，分为北、中、南三院，山门面西。钟鼓二楼直接建于宫门两旁并与山门连在一起，来到斗母宫，北看天门依然高挂，遥遥不可及；南望来路，一些低峰矮山却尽在脚下。前院，北有僧房，东南有寄云楼，均辟为茶室。院中有清光绪年间赵尔萃所建的天然池，蓄龙泉水灌溉田地。池北为南山门。后院有正殿、配殿及禅房，东有听泉山房及龙泉亭，供游人小憩赏景。亭下涧内有“三潭叠瀑”如龙飞舞，名飞龙涧。人立于潭间，流水声似丝竹奏鸣。泰山斗母宫西山门外有古槐巨枝伏地，如卧龙翘首，俗称卧龙槐。宫南西崖有“肤寸升云”及“虫二”诸刻，与山色辉映。“虫二”字谜即“风月”二字拆去边框，意为风月无边，景色秀丽。

院内千年古槐

观音菩萨

眼神奶奶

斗母娘娘

大门外卧龙槐

山门

千年古银杏树

四海扶教救众生，降魔护道为天尊。

灵应宫山门前临灵山大街，因道路路基较低，使山门前出现一个高台，人们必须拾级而上方可进入山门，仿佛由此将喧嚣的尘世与这清幽的古道院，划了一个清晰的分界线。山门为砖石结构，单檐卷棚歇山顶，砖檐层层叠涩而上，拱形门，两侧有联，上有额。山门内东西两侧，有钟鼓楼，东侧为钟楼，原为早上敲钟报时之用，就是所谓的晨钟。楼约为民国重修时所建，内原有铜钟一口，1972 年移至岱庙。钟楼西有 2002 年复建时发掘出的明钟楼遗址。晨敲钟则暮击鼓。钟楼对面为仿明式鼓楼，是根据原址发掘现象复建的，砖木结构，比钟楼体量略大，为方形五脊歇山顶，大出檐，亦分上下两层，木质地板。

灵应宫全景

泰山老母神像

太清宫山门

峰抱三方列，潮迎一面来。

太清宫位于山东青岛东 50 里崂山老君峰下、崂山海湾之畔。崂山地处海滨，岩幽谷深，素有“神窟仙宅”之说。崂山方圆百里，宫观星罗棋布，有“九宫八观七十二庵”之说，其中以太清宫最负盛名。据记载，汉时有江西瑞州府张廉夫弃官来崂山修道，筑茅庵一所，供奉三官大帝，名“三官庙”。唐天佑元年（904 年），道士李哲玄来此修建殿宇，供奉三皇神像，名“三皇庵”，后称“太清宫”。金章宗明昌年间，全真道士丘处机、刘长生等曾在此弘阐全真道。刘长生在此创全真随山派，信众甚多，太清宫便成为道教全真随山派之祖庭。

标石

山门牌坊

元君阁

春意盎然

汉柏

天官大帝

太原纯阳宫

潜真洞

吕祖牌坊

九窑十八洞，巍阁窑上悬。吕祖真丹炼，全真一道观。

太原纯阳宫，道教著名宫观。在山西省太原市五一广场西北隅。又名吕祖庙。始建于元代，明代万历年间（1573 ~ 1620 年）重修，清代乾隆年间（1736 ~ 1795 年）曾有整修与扩建。前有四柱三楼木牌坊，内主要建筑有吕祖殿、回廊亭、巍阁、配房、砖券窑洞、关公亭等；主体建筑吕祖殿，面阔三间，雄伟壮观，殿内原奉吕洞宾塑像；殿后两院，各以楼阁式建筑组成，高低错落，曲折回旋，形式别致；后院之中的巍阁是宫内的最高建筑，登阁环眺，市区风光历历在目。宫之四隅各建八角攒尖亭一座。昔是太原道教著名宫观之一。纯阳宫是一座集庙宇、园林风格为一体的五进院落，院内亭台楼阁样样皆有。门前有四柱三楼木牌坊，其造型、色彩均独具特色，惹人注目。吕祖殿是纯阳宫的主殿，位于院落中央，面阔三间，方方正正，是宫内最壮观的建筑。殿后的那座院落建筑格局颇为独特，据说是按八卦的方位而建，具有鲜明的道教建筑特色，也是整个纯阳宫的精华所在。

吕祖殿

独角兽

千手观音

吕祖炼丹

龙虎殿

纯阳宫

玉皇阁

三清殿

吕祖佛像

樵翁接引寻红术，道士流连说紫书。
不为壮心降未得，便堪从此玩清虚。

平遥清虚观位于山西省平遥县城内东大街东段路北，坐北向南，前后三进院落，总占地面积 5 890.9 m^2，原名太平观，始建于唐高宗年间，几经易名，至清代复称“清虚观”至今。清虚观建筑布局严谨，中轴线左右分布对称，外观壮丽，内涵丰富。观内现存元代以来的彩绘泥塑 8 尊，宋、元、明、清各代碑碣 30 通（方）。清虚观的建筑选址和建筑构思，充分体现了中国古代恪守“礼制”的建置思路，在布局上追求“人、天地、建筑”之间的和谐。清虚观在古城内与集福寺（今不存）各居东西，对称排列，显示了汉民族的历史文化特征。

上清通天教主

太清元始天尊

玉清泰山君

三醉岳阳人不识 朗吟飞过洞庭湖

吕仙观位于洞庭湖畔的白鹤山上，现在位于岳阳市洞庭南路。该建筑建于唐末五代之后唐闵应顺年（934 年）。咸丰十年（1806 年），由李智亮道长募化重修为殿宇式建筑。正殿纯阳宫为两层纯木结构，高 9 m，还建有后土殿、吕仙亭、娘娘庙、灵宫殿等，形成一带古建筑群，气势壮观，是当时“岳洲八景”之一。可惜在文革期间全毁无存。后重修，主殿为三曾混凝土框架，高 20.5 m，仿古建筑，五脊顶。建筑面积 800 m^2，一楼吕祖殿，二楼玉皇殿，三楼三清殿。上下雕龙绘凤，斗拱重檐。古香古色，神采飞扬。

吕仙神堂

纯阳殿

吕仙观外景

玄妙观

道教文化明珠，天下第一古观。

“到苏州不可不去观前街，到观前亦不可不去玄妙观”。千年古观玄妙观坐落在苏州古城中心，始建于西晋咸宁二年，据说这里曾是吴王阖闾的故宫，历经千年兴衰。1999年，玄妙观进行了大规模的修复整治。姑苏第一街——观前因地处玄妙观前而得名。观前街经整治更新后，正逐渐成为商业繁荣，街景优美，交通便捷的商业、文化、饮食和旅游中心。玄妙观和观前街相得益彰，也正以其悠久的历史，深厚的道教文化，众多的文物古迹，成为苏州著名旅游景点。

灵星门牌坊

古建筑群

香炉

吉祥门

独角神牛

玄妙观一角

太上老君神像

松芝透窗

梵宫外貌

四方天宇飞天腾跃 庄严华贵圆融明丽

进入宫门前，首先映入眼帘的是佛教中的白象，展现在我们面前的这对白象产于缅甸，典型的白玉大象，白象在佛教中代表了神的圣物。灵山梵宫建筑群中有一个鲜为人知的“亮点”，那就是梵宫中所运用的灯光技术是“见光不见灯”。在“光、建筑、佛教文化” 梵宫的建筑同灯光设计融为一体，把灯源做得很隐蔽。浮凸恢弘，珍木重生，梵宫室内木雕群以贵重的金丝楠木为主材，通过精湛的东阳木雕手法和花卉、云纹、四灵、回型等元素，充分体现了中国传统文化中、祥瑞、祈福诉求，与建筑和佛教文化进行和谐对接。造型准确生动，近乎圆雕的高浮雕通过细腻繁复的压缩关系将体积感雕造得无与伦比。同时应用类别异常丰富，大到近四米高的白木雕瓶、两人高的贴金佛像，小到楼梯扶手的须弥座，无不精雕细刻，木格连连，具象生生。

天女散花

宫殿长廊

大厅宫顶

宫顶飞人

宫顶彩罩

千佛照壁

古寺秋色

福地卧青牛石室烟霞万古，
洞天翔白鹤蓬壶岁月千秋。

青羊宫为我国西南第一道观，坐落在成都西南郊，南面百花潭、武侯祠（汉昭烈庙），西望杜甫草堂，东邻二仙庵。相传宫观始于周，初名“青羊肆”。据考证，三国之际取名“青羊观”。到了唐代改名“玄中观”，在唐僖宗时又改“观”为“宫”。五代时改称“青羊观”，宋代又复名为“青羊宫”，直至今日。到了明代，唐代所建殿宇不幸毁于天灾兵焚，破坏惨重，已不复唐宋盛况。今所见者，均为清康熙六至十年（1667 ~ 1671 年）陆续重建恢复。在以后的同治和光绪年间，又经多次培修，新中国成立后又多次修葺，即形成现在的建筑规模。宫内保藏有清代光绪三十二年（1906 年）所刻《道藏辑要》经版，共一万三千余块，皆以梨木雕成，每块双面雕刻，版面清楚，字迹工整，为当今我国道教典籍保存最完整的存板，是极为珍贵的道教历史文物。

香炉

青羊宫山门

八卦亭

独角神羊

龙鼎

混元殿

雄狮

二龙戏珠

道院秋景

左天王

混元天尊

太上老君

三清殿仰视景观

太乙救苦天尊

石竹仙山神仙多，至高天尊三清殿。

石竹山坐落在福清市西郊 10 km 处，有诗云“石能留影常来鹤，竹欲摩空尽作龙”，因此以石奇竹秀而得名，素有“雅胜鼓山”之誉，是福建省道教名山。山上的三清殿内供贴金泥塑三清尊神坐像。端坐在大殿中央莲台上的头戴芙蓉冠，身披云霞紫袍，指衔灵珠的天尊就是万神之主、宇宙的开辟者元始天尊，道经说祂居住在清微天玉清境中，又叫作天宝君。每至天地初开，祂便以秘道授予诸仙，令其下凡济人。在祂左边的天尊名上清灵宝天尊，又称作灵宝君。居住在禹余天上清境，故称上清。右边是道德天尊，即太上老君，又称作神宝君，居住在大赤天太清境中。

灵宝天尊

原始天尊

福

楼阁

楼阁是东亚传统建筑的一类，为多层建筑物，多建于园林中风景优美的地方，或水陆交通枢纽。楼的空间较大，一般官宦之家设宴迎迓嘉宾，或给朋友饯别，多在楼阁进行。加上楼是较高的建筑物，所以往往成为骚人墨客登高临远，缅怀故国，抒发乡愁的地方。又因为在楼上视野广阔，人们都喜欢登上高楼，抒发怀抱。

龙门牌坊

魁星楼

山门

文魁星

五魁苑中励众君，鳌头阁下跃龙门。
一朝修得鹏程翅，飞黄腾达步青云。

始建于清代道光八年（1828 年），原楼立于半壁山之巅，是一座三间硬山布泥瓦殿，由于年久失修而毁。新建成的魁星楼位于原址半壁山上，占地一百余亩。其建筑规模比原楼要大出许多，又增添了许多富有文化内涵的新内容。整组建筑色彩绚丽，宏伟壮观，依山就势，错落有致。魁星楼主要观赏景点分布在广场苑区、宫殿区、园林绿化区内。其中有龙门、中斗宫、七十二福地、荣仕乐真殿、弘文殿、魁星主楼、承天台、聪明泉、环山栈道等。其中荣仕乐真殿为东西配殿，分别供奉“寿、喜、乐、合”和“福、禄、财、安”八尊神像，彩绘形象，雕制精美，别具一格。

智多星

关公像

人间蓬莱坊

云雾缭绕海连天，东海神舟渡八仙。

蓬莱阁属道教名胜，位于山东省烟台市蓬莱市城北一公里处的丹崖山巅，总建筑面积达 18 900 余平方米。蓬莱阁创建于宋嘉祐六年（1061 年），到明、清又进行了扩建，使其规模不断扩大。蓬莱阁高 15 m，双层木结构，重檐八角，四周环以朱赤明廊，供人极目远眺。著名的“八仙过海”神话故事传亦在此。阁南有三清殿、吕祖殿、天后宫、龙王宫等道教宫观建筑，阁东有苏公祠，东南建观澜亭，为观赏东海日出之所。登上楼阁而举目远望，大海茫茫，如临“仙境”一般。

蓬莱阁主楼

吕祖殿

振杨门

古船博物馆

宾日楼

普照楼

太白楼全景

太白楼近景

此间正好邀明月，君来乘兴驾东风。

太白楼坐落在济宁市城区古运河北岸。太白楼原是唐代贺兰氏经营的酒楼。唐开元二十四年（736年），大诗人李白与夫人许氏及女儿平阳由湖北安陆迁居任城（济宁），“其居在酒楼前”，每天至此饮酒消遣，挥洒文字，写下了许多著名诗篇。贺兰氏酒楼也因李白经常光顾而名声大振，生意兴隆。自唐咸通二年（861年），吴兴人沈光敬慕李白，登贺兰氏酒楼观光，为该楼篆书“太白酒楼”匾额，并作《李翰林酒楼记》，从此贺兰氏酒楼便改为“太白酒楼”而闻名于世。宋、金、元时期均对酒楼依貌整修。明洪武二十四年（1391年），济宁左卫指挥使狄崇在重建“太白酒楼”时，以“谪仙”寓意，依原楼样式，移迁于南城墙上，并将“酒”字去掉，名为“太白楼”，后于明、清、民国间进行了数十次较大的重修。

李白手书

太白楼远景

李白塑像

李白塑像近景

碑文 -1

碑文 -2

光岳楼全景

天高云淡近中秋，江北水城多锦绣。光岳楼上极目望，不尽黄河滚滚流。

光岳楼位于聊城故城中央。高楼凌空，巍峨壮丽，气势非凡，为鲁西一大名胜。它始建于明洪武七年（1374 年）。当时，东昌卫守御指挥佥事陈镛在重修城垣时，为“严更漏，窥敌望远”，利用剩余木料建造而成。故始称“余木楼”，后亦称“鼓楼”“东昌楼”。 其为四重檐歇山十字脊楼阁，由楼基和 4 层主楼组成，总高 33 m。楼基为砖石砌成的方形高台，占地 1 236 m^2，边长 34.5 m，向上渐有收分，垂直高度 9 m，由交叉相通的 4 个半圆拱门和直通主楼的 50 多级台阶组成。主楼为全木结构，四面斗拱飞檐，因有回廊相通。全楼有 112 个台阶、192 根金柱、200 余斗拱。楼内匾、联、题、刻琳琅满目，块块题咏刻石精工镶嵌，其中尤以清康熙帝御笔“神光钟暎”匾，乾隆帝诗刻，清状元傅以渐、邓钟岳手迹，郭沫若、丰子恺匾额、楹联至为珍贵。

二楼角檐

古楼上半部

古楼顶部

清代乾隆皇帝题写匾额

楼内楼顶八角吊花装饰

郭沫若题楼牌匾

楼体中央结构

三楼乾隆行宫匾额

楼内梁檩骨架

行宫内乾隆塑像

万佛阁全景

寺院落花风扫地，禅关不锁月照门。

万佛阁在五台山台怀镇塔院寺东南隅，旧为塔院寺属庙。创建于明，清代重修，规模不大，布局完整。山门向南，二门向西，万佛阁位居寺内东隅，面宽三间，二层三滴水，歇山式屋顶，上下两层塑佛像万尊，故名。阁身前檐两层皆施廊柱，设勾栏赁依，外观壮丽雅致。阁上悬有明代大铜钟一口，重约 3 500 余公斤。寺内西南隅，有藏式佛塔两座，高约 4 m，青石雕成，体积不大，形制秀美，为寺中小品。寺内建有享亭一座五爷殿（龙王殿），其香火最旺，平时烧香拜佛者络绎不绝。殿对面有戏台一座，供酬神演戏之用，五台山六月庙会，即以此为中心。

万佛阁山门

万佛阁古建筑群

五爷殿

大雄宝殿

大雄宝殿佛像

大殿屋脊藏传佛教装饰

文殊菩萨佛像

瞻岳门

南望潇湘千里月，北瞻巫峡万重山。

岳阳楼耸立在湖南省岳阳市西门城头，紧靠洞庭湖畔。岳阳楼始建于公元220年前后，其前身相传为三国时期东吴大将鲁肃的“阅军楼”，自古有“洞庭天下水，岳阳天下楼”之誉，与江西南昌的滕王阁、湖北武汉的黄鹤楼并称为江南三大名楼。北宋范仲淹脍炙人口的《岳阳楼记》更使岳阳楼著称于世。现在的岳阳楼为1984年沿袭了清朝光绪六年（1880年）的形制而重修。千百年来，无数文人墨客在此登览胜境，可浏览八百里洞庭湖的湖光山色，凭栏抒怀，记之于文，咏之于诗，形之于画，使岳阳楼成为艺术创作中被反复描摹、久写不衰的一个主题。

城头牌坊

汴河街

后观岳阳楼

玉衡亭

岳阳楼建筑群

前观岳阳楼

双公祠　（范仲淹与滕子京）

配楼景观

落霞与孤鹜齐飞 秋水共长天一色
——唐·王勃《滕王阁序》

南昌滕王阁，位于江西省南昌市西北部沿江路赣江东岸，始建于唐永徽四年（653 年），为唐高祖李渊之子李元婴任洪州都督时所创建。滕王阁建成后历经兴废，1926 年毁于兵灾。1942 年，古建大师梁思成绘制了八幅《重建滕王阁计划草图》。1983 年 10 月 1 日举行了奠基大典，于 1989 年 10 月 8 日重阳节胜利落成。滕王阁主体建筑净高 57.5 m，建筑面积 13 000 m^2。其下部为象征古城墙的 12 m 两级高台座，台座之下，有南北相通的两个瓢形人工湖，楼阁云影，倒映池中，盎然成趣。

楼下赣江景色

滕王阁夜景

侧面景观

旭日滕王阁

顶部景观

大唐乐舞图

浔阳楼近景

世间无比酒，天下有名楼。

浔阳楼位于江西九江市区九华门外的长江之滨。浔阳楼之名最早见之于唐代江州刺史韦应物的诗中。随后，白居易在《题浔阳楼》诗中又描写了它周围的景色，而真正使浔阳楼出名的是古典名著《水浒传》。小说中的宋江题反诗、李逵劫法场等故事使浔阳楼名噪天下。浔阳楼因九江古称浔阳而得名，初为民间酒楼，至今已有一千二百年的历史。由于九江自古以来就是长江南岸一座交通要道和经济发达的城市。所以，雄踞江畔的浔阳楼也历来是名人云集之地，如白居易、韦应物、苏东坡等，都曾登楼题咏，留下许多脍炙人口的佳话。更因施耐庵写下一部《水浒传》，其中一位主要人物——宋江曾经在浔阳楼醉酒题反诗，随着名人名著流芳百世，浔阳楼也蜚声海内外，吸引着社会各界人士到此参观。在 1995 年 3 月，前总书记江泽民在视察九江时，也登上了浔阳楼，并欣然挥毫签名留念。

西望长江万里船

东望万里长江东流水

宋江题反诗瓷板壁画

梁山好汉将帅

梁山好汉劫法场瓷板壁画

宋江题壁诗

溢浦明珠牌匾

锁江楼东门

锁江塔远景

百尺楼昌千秋文运，七层塔锁万里长江。

锁江楼塔位于江西省九江市东北郊 1 km 处的长江南岸。这里原有一组古建筑，由江天锁钥楼（即锁江楼）、文峰塔（即回龙塔）以及四条铁牛等许多附设建筑组成，现仅存锁江楼塔。明万历十三年，九江郡守吴秀等筹集民间款项，汇集高师名匠，修锁江楼和锁江楼宝塔于石矶上，并铸铁牛四条护卫，为的是镇锁蛟龙，消灾免患，永保太平，与配阁、轩组成一体，相映异彩。塔内底层东面墙上嵌有明代碑记一块。所谓锁江楼、锁江楼宝塔顾名思义，是为锁住不驯服的江水。另锁江塔一度又以矶名，称回龙塔。头上风云变幻，脚下波涛翻腾，由于历经四百年变迁，江岸崩溃，楼毁、牛沉、阁倒。锁江楼塔经风雨侵蚀，战乱洗礼，地震摇撼，仍自岿然耸立。

探江楼

观鱼轩

锁江楼全景

锁江楼西门

锁江塔全景

晴川阁下铁门関

凭栏高倚半江秋 楚国晴川第一楼

晴川阁始建于明代嘉靖年间，曾多次被毁，1985 年按清光绪年间式样重建，占地 386 m^2，高 17.5 m。正面牌楼悬挂“晴川阁”金字巨匾。其北侧为“园中园”，园中青草如茵，竹木葱茏，瘦石嶙峋，幽静雅致。禹稷行宫并立于晴川阁西南侧，原名禹王庙，始建于南宋绍兴年间，清同治三年（1864 年）重修。占地 350 m^2。其建筑为硬山式砖木结构，带墀头布瓦屋顶，屋脊微呈凹形曲线。中轴线两侧卷棚吊顶廊庑与宫室连通，形成长方形天井。禹稷行宫与重修的铁门关和晴川阁组成古建筑群，与长江彼岸黄鹤楼遥遥相对。

晴川阁

晴川阁大门

禹稷行宫

禹王殿

黄鹤楼远景

“对江楼阁参天立，全楚山河缩地来。”

黄鹤楼位于武汉市蛇山的黄鹤矶头，面对鹦鹉洲，它与湖南岳阳楼、江西滕王阁合称中国三大名楼。相传始建于三国时期，历代屡毁屡建。现楼为 1981 年重建，以清代“同治楼”为原型设计。中部大厅正面墙上设大片浮雕，表现出了历代有关黄鹤楼的神话传说；三层设夹层回廊，陈列有关诗词书画；二、三、四层外有四面回廊，可供游人远眺；五层为瞭望厅，可在此观赏大江景色。由于这独特的地理位置及大楼的巍峨、壮观，再加以有历代诗词、文赋、楹联、匾额、摩崖石刻等丰厚的文化底蕴，尤其唐代诗人崔颢的《黄鹤楼》一诗 “昔人已乘黄鹤去”，更使黄鹤楼名声大噪。

楼顶鸟瞰大江景观

巨钟

江山入画

黄鹤归来

黄鹤楼近景

崇德亭

四面云山皆入眼 万家灯火总关心

天心阁在长沙市中心地区东南角上，是长沙古城的一座城楼，为长沙重要名胜，也是长沙仅存的古城标志。具体方位为长沙市中心东南角、城南路与天心路交会之处的古城墙内。楼阁三层，建筑面积 846 m^2，碧瓦飞檐，朱梁画栋，阁与古城墙及天心公园其他建筑巧妙融为一体。基址占着城区最高地势，加之坐落在 30 多米高的城垣之上，近有妙高峰为伴。其名始见于明末俞仪《天心阁眺望》一诗中，至清乾隆年间重修天心阁，“极城南之盛概萃于斯阁”，盛名于世且成为文人墨客雅集吟咏之所。天心阁与岳阳楼、黄鹤楼、滕王阁相媲美，被誉为古城长沙的标志。天心阁始建于明代，清乾隆时期重修过，1938 年毁于“文夕大火”，1983 年重建。现在的天心阁共有三层，总高 17.5 m，碧瓦飞檐，朱梁画栋，由 60 根木柱支撑，古色古香，造型别致。

南门

城墙

楚天一览楼

北拱楼

崇烈门牌坊

雄镇门

熏风亭

雄姿

雄登吴楚阅江楼，滚滚长江天际流。

南京阅江楼与武汉黄鹤楼、岳阳岳阳楼、南昌滕王阁合称江南四大名楼。位于南京城西北，濒临长江。楼高 52 m，共七层。碧瓦朱楹、檐牙摩空、朱帘凤飞、彤扉彩盈，具有鲜明的明代风格，古典的皇家气派，为江南四大名楼之一。 朱元璋称帝后，于 1374 年，再次登临卢龙山，感慨万端，意欲在山上建一座高耸入云的楼阁，于是，他亲自撰写了《阅江楼记》，其文气势磅礴，纵横捭阖，又因卢龙山“一峰突兀，凌烟霞而侵汉表，远观近视，实体狻猊（狮子的别名）之状”，故将其名赐改为狮子山。是年春天，朱元璋又令群臣撰写《阅江楼记》一百余篇，其中以大学士宋濂所撰写至为上乘，并被载入《古文观止》，与朱元璋的《阅江楼记》一道流传于世。朱元璋为阅江楼建造了“平砥”，但因种种原因终未建成，成为历史上“有记无楼”的笑谈。直到 1999 年南京市政府拨款 7000 万动工修建，2001 年正式对外开放，方使朱元璋的梦想变成现实。

台顶三楼

阅江楼南门

近观阅江楼

拔地通天

阅江览胜牌坊

阅江楼远景

楼角景观

楼顶装饰

楼顶大堂

楼顶大厅

红梅阁正面景观

伯牙桥上几回寻，世上谁人识此心。
一曲弦声千古奏，甘将天籁赠知音。
——朱保平

红梅阁在常州市区红梅公园东南隅。唐末属水田寺，后归荐福寺，传为北宋道教南宗始祖紫阳真人张伯端著经处，隶天经观，南宋末毁于战乱，元代重建道观，元贞元年（1296 年）改名玄妙观，并建飞霞楼于观之东北。元末飞霞楼毁，明代在楼旧址建红梅阁。历经兴废，最后一次毁于太平天国时期。现存建筑为清光绪二十六年（1900 年）重建。该阁建于 2 m 高之土台上，砖木结构，重檐歇山顶，下有回廊，斗拱翘角，气势壮观。阁高 17 m，分上下两层，四周原筑垣墙，现改为石栏杆。南端有云鹤纹石坊，下有石级，为出入通道。坊额刻“天衢要道”四字，有明崇祯时题款；两旁石柱楹联为“道有源头，立言立功立德；工无驻足，希贤希圣希天”。阁前院落原植红梅翠竹，被称作“常郡之巨丽”“拟仙都之仿佛”。历代题咏颇多，阁内外壁间至今犹存紫阳真人石刻像、著经处及建阁碑记等石刻。

花梅阁全景

暗香长廊

嘉贤坊

绿茵

古春轩

长虹桥

奇石

天一阁大门

风雨天一阁，藏尽天下书。

天一阁坐落在浙江省宁波市月湖之西的天一街，是我国现存最古老的私人藏书楼，也是世界上现存历史最悠久的私人藏书楼之一。始建于明嘉靖四十年（1561 年），建成于明嘉靖四十五年（1566 年）。天一阁的创始者——范钦原为明兵部右侍郎范钦的藏书处。天一阁现占地面积 2.6 万 m^2，是一个以藏书文化为核心，集藏书的研究、保护、管理、陈列、社会教育、旅游观光于一体的专题性博物馆。现藏古籍达 30 余万卷，其中，珍椠善本 8 万余卷，除此，还收藏大量的字画、碑帖以及精美的地方工艺品。设有《天一阁发展史陈列》《中国地方志珍藏馆》《中国现存藏书楼陈列》《明清法帖陈列》等陈列厅，书画馆常年开展各种临时展览和文化交流活动。天一阁分藏书文化区、园林休闲区、陈列展览区。以宝书楼为中心的藏书文化区有东明草堂、范氏故居、尊经阁、明州碑林、千晋斋和新建藏书库。以东园为中心的园林休闲区有明池、假山、长廊、碑林、百鹅亭、凝晖堂等景点。

尊经阁

中国藏书楼

戏楼

天一阁内门

书亭

东明草堂

点将台

内门

石狮

烟水亭大

周瑜点将台石

周瑜点将台板壁画

爱晚亭近景

停车坐爱枫林晚，霜叶红于二月花。

爱晚亭位于下清风峡中，亭坐西向东，三面环山。长沙爱晚亭始建于清乾隆五十七年（1792 年），为岳麓书院院长罗典创建，原名红叶亭，后由湖广总督毕沅，根据唐代诗人杜牧“远上寒山石径斜，白云深处有人家。停车坐爱枫林晚，霜叶红于二月花”。《山行》的诗句，改名长沙爱晚亭。又经过同治、光绪、宣统、民国至新中国成立后的多次大修，逐渐形成了今天的格局。今长沙爱晚亭与安徽滁州的醉翁亭（1046 年建）、杭州西湖的湖心亭（1552 年建）、北京陶然亭公园的陶然亭（1695 年建）并称中国四大名亭，为省级文物保护单位。长沙爱晚亭是革命活动胜地，毛泽东青年时代，在第一师范求学，常与罗学瓒、张昆弟等人一起到岳麓书院，与蔡和森聚会长沙爱晚亭下，纵谈时局，探求真理。长沙爱晚亭在抗日战争时期被毁，1952 年重建，1987 年大修。长沙爱晚亭形为重檐八柱，琉璃碧瓦，亭角飞翘，自远处观之似凌空欲飞状。长沙爱晚亭内为丹漆园柱，外檐四石柱为花岗岩，亭中彩绘藻井。

爱晚亭下红枫馆

爱晚亭周围红枫

爱晚亭一侧草亭

爱晚亭远景

塔

塔是一种在亚洲常见的，有着特定的形式和风格的中国传统建筑。最初是供奉或收藏佛骨、佛像、佛经、僧人遗体等的高耸型点式建筑，称“佛塔”。14 世纪以后，塔逐渐世俗化。而在汉语中，塔也指高耸的塔形建筑。

甘州夕下起炊烟，丝路春浓浸席筵。
土木塔前悬万寿，宏仁大佛悄然眠。

据说张掖历史上有金木水火土五行塔，现今只留存木塔和土塔。木塔原名万寿寺塔，位于万寿寺旧址内，为张掖市五行（金、木、水、火、土）塔之木塔。寺与塔初建于北周或更早一些，经隋、唐、明、清历代重修。据《重修万寿寺碑记》载，“释迦涅槃时，火化三昧，得舍利子八万四千粒，阿育王造塔置瓶每粒各建一塔，甘州木塔其一也”。据《甘镇志》记载：后周时已有之，隋开皇二年（公元 582 年）重建，唐贞观十三年（公元 639 年），尉迟敬德监修，明清均有补修，清末遭大风毁坏，现存木塔重建于 1926 年，其建筑技巧集木工、铁工、画师技法于一体，制作精巧。重建后的木塔高 32.8 m，为八面九级楼阁式塔，每级八角有木刻龙头，口含宝珠，下挂风铃。塔主体为木质结构，一至七层外檐系楼阁式建造，塔身内壁空心砖砌，每层都有门窗、楼板、回廊和塔心。八九两层全是木构。因此可以说，此塔是一座半木构塔。其木构成分，较正定凌霄塔更少一些，但在全国范围来说也属稀有。

木塔近景

木塔远景

藏经楼

古建筑群

释迦牟尼佛

观音救众人于苦海

观音慈航

观音超度

小雁塔山门

小雁塔全景

嶒弘初破晓来霜，落月迟迟满大荒。
枕上一声残梦醒，千秋胜迹总苍茫。

雁塔建于唐代景龙年间。塔原有 15 层，现存 13 层，高 43.4 m。小雁塔及其古钟即“雁塔晨钟”列入“关中八景”，是西安市著名的旅游地。唐代名僧义净于高宗咸亨二年（671 年）由洛阳出发，经广州取海道到达印度，经历三十余个国家，历时 25 年回国，带回梵文经书 400 多部。神龙二年（706 年）义净在荐福寺翻译佛经 56 部，撰著《大唐西域求法高僧传》一书，对研究中印文化交流史有很高的价值。现在荐福寺内仅存有建于唐景龙元年（707 年）的小雁塔。明清两代时因遭遇多次地震，塔身中裂，塔顶残毁，现在仅存十三层。

白衣阁

万福阁

千年古槐

石马

拴马桩

官宦之家（陶瓷展品）

少女水彩画（展品）

塔势如涌出，孤高耸天宫。
突兀压神州，峥嵘如鬼工。
四角碍白日，七层摩苍穹。
下窥指高鸟，俯听闻惊风。

——唐·岑参《与高适薛据登慈恩寺浮图》

大雁塔坐落在陕西省西安市和平门外 4 km 的大慈恩寺内。大雁塔原名慈恩寺塔，位于慈恩寺内。慈恩寺始建于隋代，初名无漏寺，唐贞观二十一年（647 年）太子李治为追念其母文德皇后而扩建寺院，更名为大慈恩寺。寺院里楼阁、殿宇、禅房相间，共有院落十进，总计有房舍 1897 间，著名画家阎立本、尉迟乙僧、吴道子、伊琳等都曾挥笔作画，使得满壁生辉。寺院建成后不久，当时的名僧玄奘由弘福寺迁往此处翻译佛经，历时十九年，译经 74 部，并在此寺创立了佛教法相宗，其弟子窥基又立唯识宗，二者教义相近而合称法相唯识宗，又名慈恩宗，因此寺院名声远扬，香客云集，盛极一时，大雁塔建于永徽三年（652 年），就是唐高宗李治为安置玄奘由印度带回的经籍而专门建造的。不幸的是寺院在唐末遭遇兵火，殿宇全部烧毁，只有此塔保存了下来，今日寺内所存的建筑都是明清两代重建的。

大雄宝殿

玄奘院

佛柱

玄奘塑像

杜甫塑像

大唐诗人韩愈塑像

佛像

释迦牟尼佛

塔顶层层荷花瓣，特异造型天下孤。

华塔又称花塔，位于正定县城燕赵南街路西。华塔是北宋出现的新塔型，现存十多座华塔中，大多为砖塔，多是单层的。之所以命名为华塔，缘于其比例巨大且丰满的塔顶就像一层层的荷花花瓣及各种动物造型，称为花塔，也称华塔。花塔这种形式，主要流传于辽金时期，元代以后就已渐渐绝迹。广慧寺华塔，有推断，应为辽金时代遗物，是我国砖塔中造型最为奇异、装饰最为华丽的塔，被梁思成先生誉为“海内之孤例”。此类塔鲜为人知，是一种昙花一现自成一类的建筑形式，我国现存十余处，分布于京、晋、冀、甘、粤，大都建于辽、金、宋代。

华塔全景

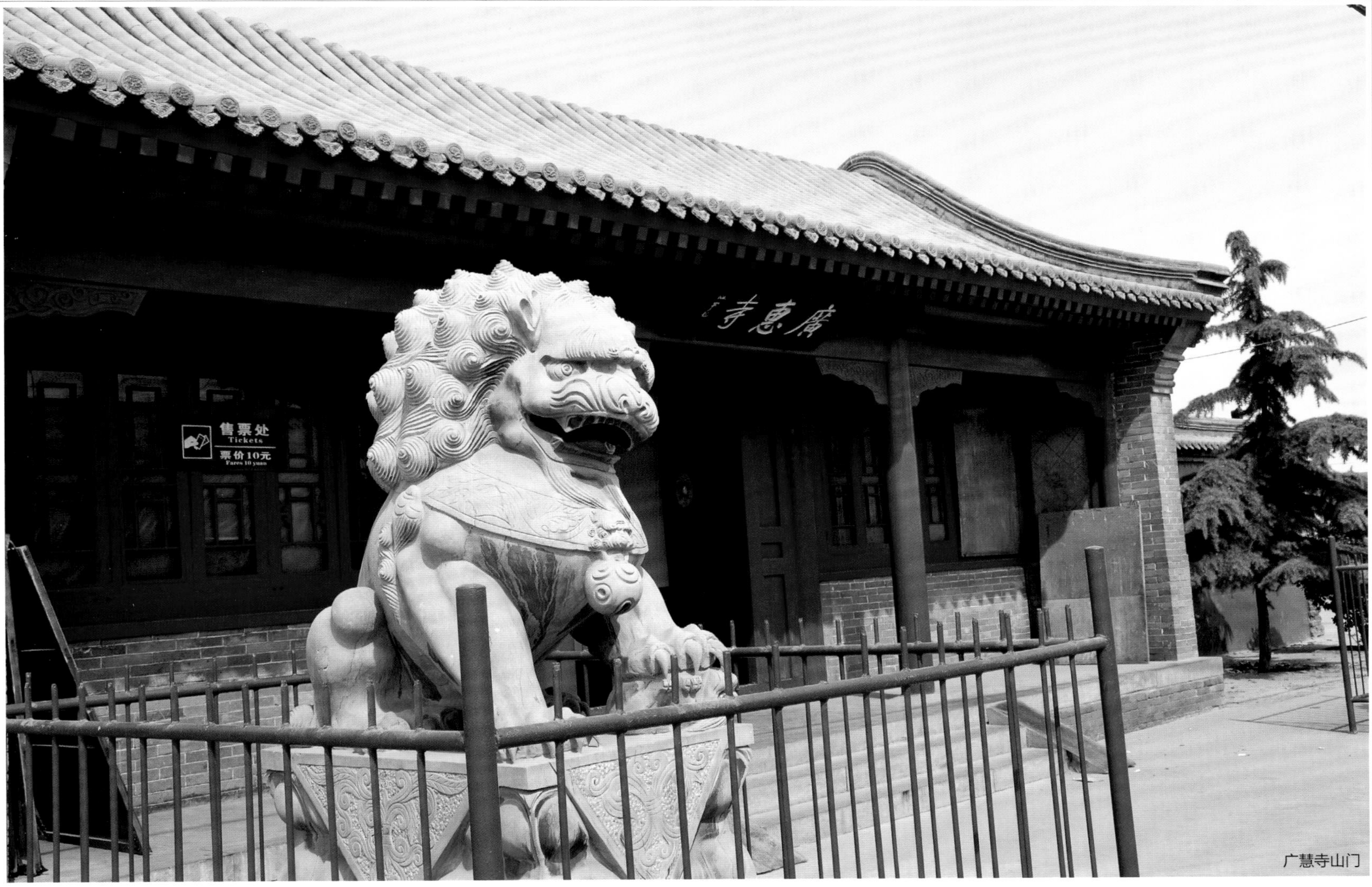

广慧寺山门

华塔近景

华塔仰视景观

塔顶动物雕塑

华塔顶部装饰

寺塔远景

千年古塔鬼斧神工，雄伟壮观千古绝唱。

嵩岳寺塔位于登封市区西北 4 km 的嵩山太室山南麓，是我国现存最古老的一座佛塔，始建于北魏孝明帝正光元年（520 年），为单层密檐式砖塔，是此类塔的鼻祖。嵩岳寺塔由基台、塔身、密檐和塔刹几部分组成，塔外观为十二边形（全国古塔中仅有的一个孤例），系以糯米汁拌黄土泥作浆，青砖垒砌而成。基台随塔身砌作十二边形，塔身之上，是十五层迭涩檐。檐间砌矮壁，远远望去，两层间好像一个半圆的柔弧，呈现出轻快的抛物线型。这种抛物线外廓造型的开创，对以后砖塔建筑有着巨大影响，特别是对唐塔影响尤为突出。密檐之上，即塔刹，自上而下有宝珠、七重相轮、宝装莲花式覆钵等组成。

古塔近景

古塔远景

塔基景观

塔内佛像

塔内仰观景观

繁塔全景

一砖一佛千佛塔，九层高塔变三层。

繁塔现为全国重点文物保护单位，创建于北宋开宝七年（974 年），原名兴慈塔，因其建于北宋四大皇家寺院之一的天清寺内，故又名天清寺塔，又因其兴建于繁台之上，故俗称繁塔。它是开封地区兴建的第一座佛塔，也是开封地区现存最古老的建筑，距今已有 1000 多年历史了，为四角形佛塔向八角形佛塔过渡的典型。现由开封市延庆观繁塔文管所管理。繁塔原为六角九层、240 尺高的巨型佛塔，故有“铁塔只搭繁塔腰之说”，至元代，由于雷击，毁去繁塔两层，但繁塔仍十分高大。明朝国初“铲王气”事件的影响波及繁塔，“塔七级去其四，止遗三级”。清初在残塔上筑六级小塔，封住塔顶，便形成了现在这样状似编钟的独特面貌。

繁塔千佛壁

繁塔近景

壁佛

大门

塔内观音佛像

开宝寺大门

擎天一柱碍云低，破暗功同日月齐。

——元 · 冯子振

开封铁塔又名“开宝寺塔”，坐落在开封城东北隅铁塔公园内。原有木结构的开宝塔在建成 55 年后毁于雷火。1049 年，宋仁宗重修开宝塔。为了防火，材料由木料改成了砖和琉璃面砖，因塔身全部以褐色琉璃瓦镶嵌，远看酷似铁色，故称为“铁塔”。塔身内砌旋梯登道，可拾阶盘旋而上，直登塔顶。登到第 12 层直接云霄，顿觉祥云缠身，和风扑面，犹若步入太空幻境，故有“铁塔行云”之称。铁塔公园正殿内供奉的释迦牟尼“白玉佛像”是 1933 年由旅居缅甸的华侨捐赠。

天下第一塔石雕牌

极乐世界牌坊

接引楼

宝塔近影

宝塔远影

宝塔中部佛像

宝塔基部千佛像

万寿塔基部景观

七层宝塔十二丈 浮雕佛像一百尊

宝塔位于湖北省荆州市沙市区荆江大堤观音矶头，是集文物古迹、长江防洪史迹为一体的名胜景区。园中万寿宝塔，明朝嘉靖三十一年（1552 年）建成。塔高七层，高达 40 余米，塔身高出荆江大堤堤面 20 余米，塔身外墙现还保存汉玉佛像 87 尊，石碑 102 块。浮雕浮象砖刻、满藏回蒙汉文字砖、花纹砖共计 2347 块。这座宝塔是明藩第七代辽王朱宪节遵嫡母毛太妃之命，为嘉靖皇帝祁寿而建，故称万寿宝塔。宝塔的重要奇观是由于 450 多年历史的变迁，荆江河床不断抬高，使宝塔底层陷于地面 7 m 多之下，因而形成独具特色的地下宝塔，是我国宝塔中少有的奇塔。园内有接待厅、怡寿轩、寿苑、九龙壁、长廊、望江亭、观音阁、迎宾楼等建筑。

观音佛像

万寿塔全景

万寿园大门

院内景观

江边安澜石

观音阁

观音矶石

知音舫

太平古寺劫灰余，夕阳惟照一塔孤。
——宋·杨万里

文笔塔位于红梅公园南端，始建于南朝齐高祖萧道成建元年间（479 ~ 482 年），已有 1000 余年历史。名建元寺，俗称塔下寺，后改称太平寺。太平寺塔因巍冠郡中，形似文笔，又称文笔塔，被常州文人视为笔魂。塔寺历经兴废，现塔为美籍华人刘璧如等资助，于 1982 年 11 月修复对外开放。1992 年，共接待中外宾客 151.5 万人次 。该塔高 48.38 m，底层外径为 9.58 m，塔身为砖木结构，七级八面，每层有拱门，中有旋梯环绕而上，登塔远眺，全城的景色将尽收眼底。文笔塔造型优美别致，体态轻盈，风格独异，在古塔中独树一帜。文笔塔历经沧桑，几度废兴。塔园内古迹众多，东院有笔架山、文笔楼、砚池、塔碑，西院有塔影山房、知音舫、季子亭、袋装塔、塔影桥等。

夕佳亭

梦笔轩

品家轩

文笔夕照

伯牙湖

曲桥

借景天宁寺塔

观音殿

九层才踏日悄升，拥霞俯瞰江天阔。
净窗慧语佛心知，红尘苦海何人脱。

北寺塔位于苏州平门内。其所在地北寺（后称报恩寺），最初为三国东吴赤乌年间（238 ~ 251）孙权为报母恩所建。在进门入口处的北塔胜迹牌坊正面便有知恩报恩四个大字。厚重的石牌坊承载着历史的沧桑和孝子孙权对母亲的感恩之情。孙权的母亲即吴国太，大家对她应该很熟悉，因为小说《三国演义》中有一段在镇江北固山甘露寺招亲的精彩故事。苏州是孙吴早期的政治中心。孙权还在今盘门内建造过普济禅寺。今殿宇俱废，尚存一北宋瑞光塔，见证了当时该地亦为佛法兴盛之地。佛教于东汉时传入中国，江苏第一次大量修建寺庙则是在东晋南朝时期，苏州三国时期所建的报恩寺和普济禅寺是属于较早的。后来随着孙权领土的不断扩大，偏居东南的苏州对于江淮一带的军事行动难以作出快速反应，已不再适合作为孙吴的政治中心。于是孙权开始了西迁，从苏州（吴郡）到镇江的铁瓮城，然后到南京的石头城、再到湖北鄂州的吴王城。最终定鼎南京，揭开了南京作为六朝古都的序幕。

知恩报恩牌坊

塔基景观

韦陀神

弥勒佛

知恩塔近景

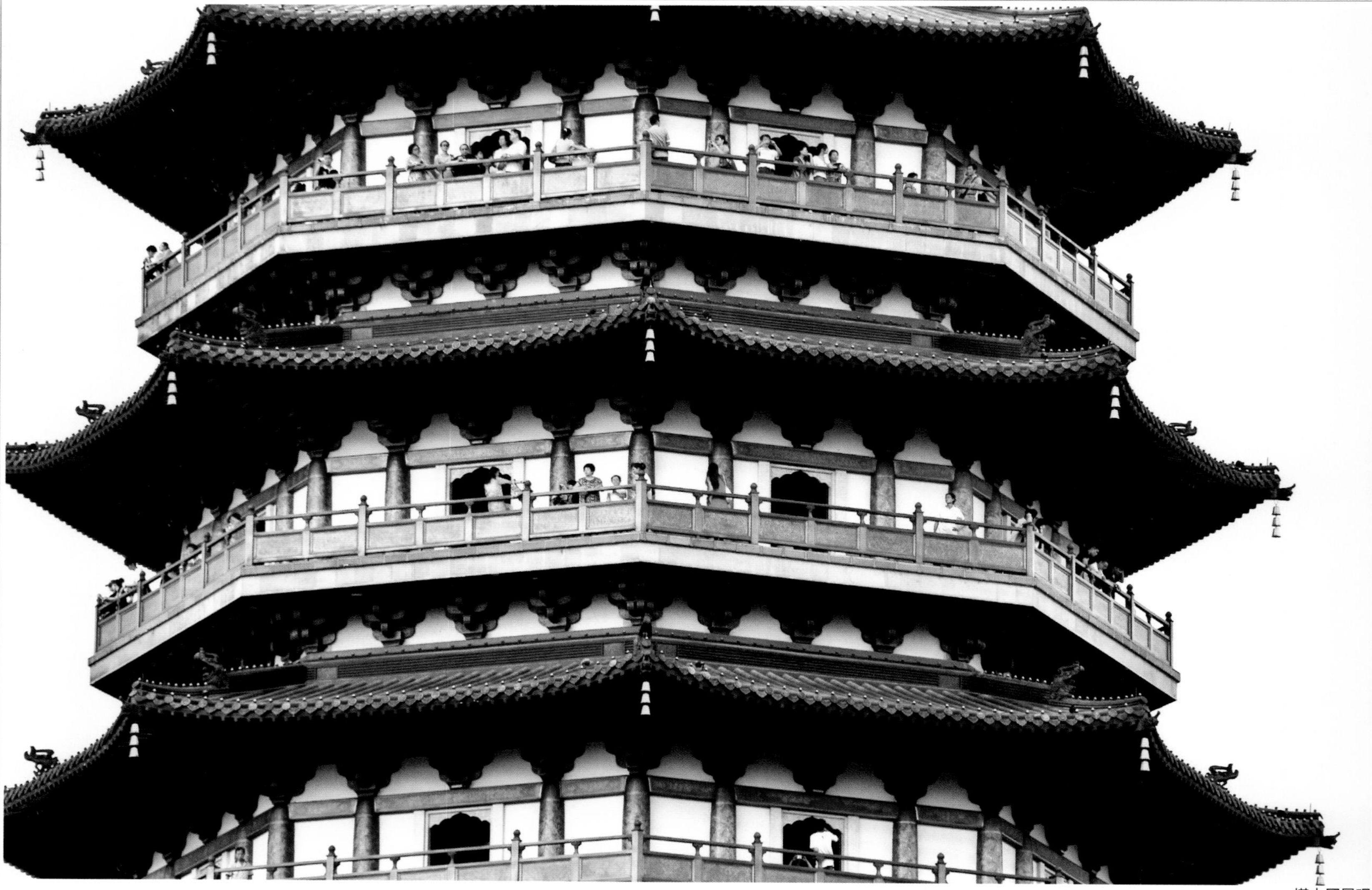

塔中层景观

湖上画船归欲尽，孤峰犹带夕阳红。

雷峰塔别名黄妃塔，又称西关砖塔，在西湖南岸夕照山的雷峰上。雷峰塔为吴越国王钱俶因黄妃得子建，初名“黄妃塔”，因建在雷峰山上，后人俗称“雷峰塔”。旧塔已于 1924 年倒塌， 2000 年 12 月完全采用了南宋初年重修时的风格重建，2002 年 10 月落成。新塔通高 71.679 m，由台基、塔身和塔刹三部分组成，其中塔身高 49.17 m，塔刹高 18.25 m，地平线以下的台基为 9.8 m。游人登上雷峰新塔，站在五层的外观平座上，西湖山水美景和杭州城市繁华尽在游人的远望近看之中。

塔顶部景观

雷峰塔远景

现雷峰塔全景

内壁雕刻“母子相见”

塔内壁雕刻　“许仙借伞”

多宝塔近景景

钟鸣潮响荡耳边，一洗凡尘在普陀。

多宝塔也称太子塔，在浙江省舟山市普陀山的普济寺东南，海印池附近，多宝塔取《法华经》“多宝佛塔”之义而定名，是普陀山唯一保持原貌的最古老的建筑物，它与法雨寺中明朝南京故宫惟一存世的宫殿建筑九龙殿、杨枝庵中根据初唐著名大画家阎立本绘的观音画像刻成的杨枝观音碑和佛顶山上稀世物种鹅耳枥树，合称为“普陀四宝”。每层挑台置石栏，石栏柱端刻有守护天神、狮子莲花等图案。底层基座平台较宽，挑台面栏柱刻有护法神狮及莲花，四周栏下雕有龙首 20 个，张口作吐水状，造型生动。顶层四角饰有蕉叶山花，极具元代建筑风格。多宝塔为典型的元代建筑工艺，被列为省级重点保护文物，属普陀山三宝之一，康有为曾在塔院假山石上留题“海山第一”四字。每到清晨，附近普济寺等古刹传来钟声，更增幽静，这就是普陀山十二景之一的“宝塔闻钟”胜景。

多宝塔全景

山顶磐陀石

附近海边回头是岸石

多宝塔远景

释迦牟尼佛

崇圣寺大殿

苍山洱海雄浑壮丽，三塔鼎峙永镇山川。

崇圣寺三塔是大理市“文献名邦”的象征，是云南省古代历史文化的象征，也是中国南方最古老最雄伟的建筑之一。1961 年 3 月国务院第一批公布为全国重点文物保护单位。该组建筑群距离下关 14 km，位于大理古城以北 1.5 km 苍山应乐峰下，背靠苍山，面临洱海，三塔由一大二小三座佛塔组成，呈鼎立之态，远远望去，卓然挺秀，俊逸不凡，是苍洱胜景之一。据《南诏野史》（胡本、王本）、《白古通记》等史籍记载，当时崇圣寺与主塔建造时，寺基方 7 里，圣僧李成眉贤者建三塔，屋 890 间，佛 11400 座，铜 40590 斤，建于南诏第十主丰保和十年至天启元年（834 ~ 840 年），费工 708000 余，耗金银布帛绫罗锦缎值金 43514 斤。

大理三塔 许广达摄影

三塔鼎立

崇圣寺大门

三塔远景

大门崇圣寺

中法马江海战

塔顶风细听铃雨，月近家门渐觉圆。

罗星塔公园大门入口处山边有清光绪朝摩崖石刻“云屏”(近被掩盖)。塔下的郑成功古堡城寨道址上列柳七娘雕塑。南面山腰有亭（观战亭），面江迎风，江面即明清抗击外侮的水战战场。厅侧石径下方，旁竖清乾隆福州知府书法家李拔“砥柱回澜”碑。亭下有“试剑石”。相传明初三保（宝）太监郑和下西洋曾停船工三江口，修船候风出航。罗星塔三江交汇，水深可泊巨轮。洞中凉爽可人，郑和常与部属在此下棋消遣，人称“三宝洞”。山上有郑成功古堡城寨及清初罗星塔遗址，新建有儿童游乐场、鸽子场、潮江楼、服务部等。山侧有一名木，叫“中国塔榕”是福州十大古榕之一，郁郁苍苍，见证了船政的兴衰、马江海战的全过程。潮江楼附近有一株红榕，老干红皮，马尾仅此一株。相传左宗棠督师福州时手植。

罗星塔近景

罗星塔远景

柳七娘塑像

公园大门

左宗棠塑像

古榕气生根奇观

福州第二古榕

双塔近景

金银双塔

九层日塔纯铜造 七层月塔琉璃装；杉湖金银同竞辉，山城桂林现辉煌。

双塔则是新桂林的标识。其中日塔高 41 米共九层，通体均为纯铜装饰，耗用铜材 350 吨，金碧辉煌，并有电梯供游客观光乘坐。铜塔所有构件如塔什、瓦面、翘角、斗拱、雀替、门窗、柱梁、天面、地面完全由铜壁画装饰，整座铜塔创下了三项世界之最——世界上最高的铜塔，世界上最高的铜质建筑物，世界上最高的水中塔。月塔高 35 米共七层，为琉璃琉璃塔。每层的雕花彩绘门窗寓意不同的主题，富含中国传统韵味，通过水下 18 米长的水族馆与日塔连接，其地宫之中有桂林明代青花梅瓶大型壁画。杉湖日月双塔已成为观赏桂林城市精华美景的胜地。

双塔知音

湖上秋色

双塔远景

祠

祠是一种基于东亚文化圈传统民间信仰的半宗教设施，其主要用于供奉、祭祀神祇、祖先或者先贤，采用庙堂式建筑形式。

蜡像馆

颜文姜担水石塑像

孝妇文姜名古今，勤奋谦诚更弘深。
何当汲去为霖雨，洗尽人间不孝心。

颜文姜祠，又名灵泉庙、顺德夫人祠，当地人俗称大庙。位于凤凰山东南麓（山东省淄博市博山区山头镇北神头村）。全祠南北长 64 m，东西宽 61 m，主要建有山门、香亭、正殿、东西两庑、寝殿等计 73 间，建筑面积 1 324 m^2。山门，坐北朝南，面阔 3 间 11 m，进深 1 间 6 m。歇山顶，单檐琉璃瓦，前后均有斗拱，门上悬“颜文姜祠”匾额，行书阴文，系中国著名书法家舒同于 1982 年秋题写。山门两侧有石狮一对，门内顶梁有“大清乾隆三十四年岁次乙丑六月吉旦中书科中书蒋今长重建”“时大清道光八年岁次戊子桂月吉旦重修”和“公元一九八二年九月重修”三道嵌梁，建筑风格庄重朴实。

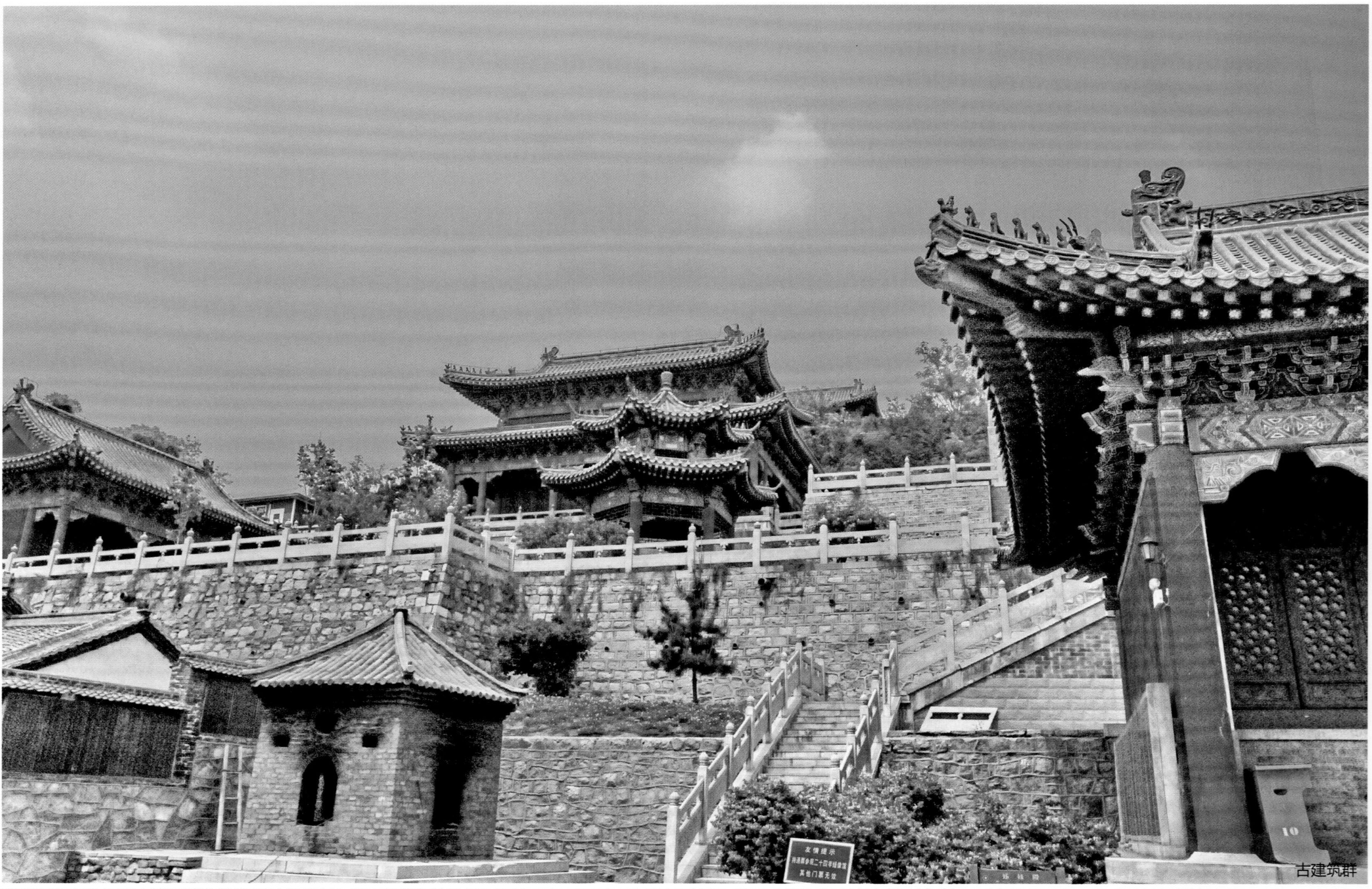

古建筑群

大门

孝敬公婆

颜文姜成亲

顺德夫人殿

胜景牌坊

晋祠流水如碧玉，傲波龙鳞沙草绿。

——唐·李白

晋祠位于太原市南郊，始建于北魏，为纪念周武王次子叔虞而建。这里殿宇、亭台、楼阁、桥树互相映衬，山环水绕，文物荟萃，古木参天，是一处风景十分优美的古建园林，被誉为山西的“小江南”，为少有的大型祠堂式古典园林，驰名中外。圣母殿、侍女像、鱼沼飞梁、难老泉等景点是晋祠风景区的精华。祠内的周柏、难老泉、宋塑圣母及侍女像被誉为“晋祠三绝”，具有很高的历史、科学和艺术价值。在晋祠中轴线最后隅为圣母殿，前临鱼沼，后拥危峰，雄伟壮观。大殿创于北宋天圣年间，殿前廊柱上有木雕盘龙八条，传说为宋代遗物。

晋祠外山门

晋祠内大门

三晋名泉殿

金人台

对越牌坊

明代仙人桥

读书台

金水桥

武士塑像

难老泉亭

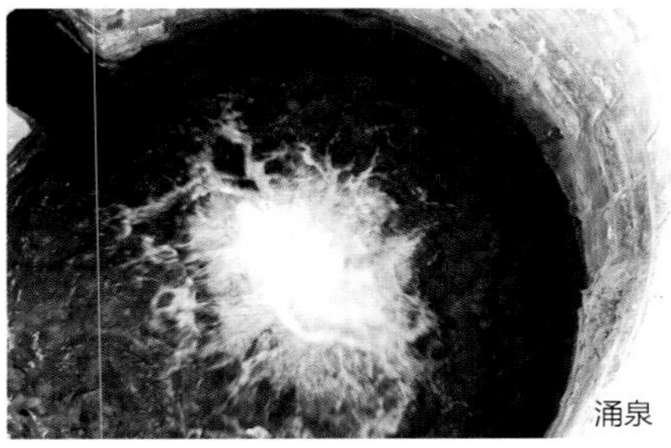
涌泉

大殿内圣母佛像

舍利塔

古银杏树

包公祠大门

铁面无私忠孝全，千古后人美名传。

包公祠位于包公文化园内的香花墩上，据《庐州府志》记载："香花墩，在城东南门外濠中，是包公青少年读书处，本为公祠，蒲苇数重，鱼凫上下，长桥径渡，竹树阴翳。"另据碑文记载：包河小洲上原有一座小庙，明朝弘治元年（1488年），庐州知府宋鉴（字克明）见小洲环境风景幽雅，遂将小庙拆除，改建为"包公书院"，并改洲名为"香花墩"。1539年，御史杨瞻把"包公书院"易名为"包公祠"。太平天国时期，包公祠毁于战火。光绪八年（1882年），李鸿章筹白银2800两加以重建，规模依旧，只增添了东西两院。当祠堂落成之时，李鸿章曾写一匾额，不料中心位置已被其兄，时任湖广总督、因母丧居家的李瀚章捷足先登，挂上"色正芒寒"的横匾。李鸿章不好相争，又不愿屈居偏旁，只得另写一篇《重修包孝肃公祠记》刻石于祠后。这块碑文现在已移到享堂正殿左侧。今天看到的祠堂建筑就是清代光绪年间由李鸿章筹银重建的。

廉泉井

包公祠东景

《铡美案》秦香莲蜡塑

《铡美案》剧情包公蜡塑

五王殿

励志治国三十载，一代贤君吴越王。

始建于北宋熙宁十年（1077 年）的钱王祠位于杭州西子湖畔，西湖十景之一的柳浪闻莺附近，是后人为纪念吴越国钱王功绩而建造的。900 多年来，历经沧桑，几经毁建，所存八字墙是原建筑仅存遗迹。钱镠少年时为乡里无赖，以贩私盐为业。唐末，追随唐将董昌，任都指挥使，公元907年5月，受后梁封为吴越王，立国定都钱塘，用唐哀帝年号为“天佑”，第二年建年号为“天宝”，曾命人重建梵天寺木塔。立国后，他始终小心翼翼，只求保住自己的地盘对内，钱镠广泛兴修水利，增加田亩，尤其是所筑钱塘江石堤，保护了杭州城，对这一地区的农业生产发展起了促进作用。它又扩展杭州城区，修建风景区，使杭州成为日后的风景胜地。这些措施终于使吴越成为五代十国中相对安定，经济繁荣的地区。

功德坊

大门外功德坊

铜亭

流传百世楼

钱王祠前景

碑楼

大门

钱王铜像

钱王塑像

千古门

武侯祠大门

非淡泊无以明志，非宁静无以致远。
——诸葛亮·《诫子书》

成都武侯祠，位于四川省成都市南门武侯祠大街，是中国惟一的君臣合祀祠庙，由刘备、诸葛亮蜀汉君臣合祀祠宇及惠陵组成。始建于公元 223 年修建刘备陵寝。千多年来几经毁损，屡有变迁。武侯祠（指诸葛亮的专祠）建于唐以前，初与祭祀刘备（汉昭烈帝）的昭烈庙相邻，明朝初年重建时将武侯祠并入了“汉昭烈庙”，形成现存武侯祠君臣合庙。现存祠庙的主体建筑 1672 年清朝，康熙十一年重建。1961 年公布为全国重点文物保护单位。1984 年成立博物馆，2008 年被评为首批国家一级博物馆，享有“三国圣地”之美誉。武侯祠是纪念中国三国时期蜀汉丞相诸葛亮的祠宇。公元 234 年 8 月，诸葛亮因积劳成疾，病卒于北伐前线的五丈原（今陕西宝鸡市岐山县城南约 20 km），时年五十四岁。

武侯祠殿

铁香炉

双龙鼎

大殿屋脊装饰

诸葛亮塑像

张飞塑像

关公塑像

意密堂

金华分述牌坊

香客不绝

阵阵钟声催人醒，声声佛语净尘心。

黄大仙祠在中国有两个，分别是广州黄大仙祠和香港黄大仙祠，香港黄大仙祠又名啬色园，始建于 1945 年，是香港九龙有名的胜迹之一，是香港最著名的庙宇之一，在本港及海外享负盛名。广州黄大仙祠始建于清朝己亥年，即公元 1899 年，是广州宗教圣地之一。黄大仙祠是香港最著名的庙宇之一，在本港及海外享负盛名。黄大仙，又名赤松仙子，以行医济世为怀而广为人知，故得后人建祠供奉。黄大仙祠原名啬色园，始建于 1921 年，经过几十年的悉心经营，整个殿堂金碧辉煌，建筑雄伟。整个庙宇占地 18 000 多平方米，除主殿大雄宝殿外、还有三圣堂、从心苑等。其中以牌坊建筑最具特色，充分表现中国传统文化。

大殿右侧景观

麟阁

三教同源阁

大殿正面

孔道门

会馆

会馆始于中国明朝，传统上是期同乡或者同行在城市中建立的居住、办公兼休闲场所，后来演变成东亚地区一些特定组织的名称。会馆有为来客提供的客房、会议室，大的会馆还有戏楼。

威震华夏牌坊

佛国庄严多妙悟，禅心觅静富诗篇。
南来北往观光客，会馆雕塑天下绝。

本会馆位于张掖市小南街，是清雍正八年（1730 年）山西客民赵世贵、赵继禹、张朝枢等建。张掖是古丝绸路上商贸云集的重镇，从山西、陕西等地来的客商，在张掖开办了几十家大商号，他们为了巩固和扩大自己经营的实力范围，于是结帮会、设会馆，将始建于雍正二年的关帝庙改建为山西会馆，修建费用都由客商募捐。 会馆将宫廷建筑与民间建筑融为一体，形成起伏开阖，疏密相间，错落有致的院落群体。沿一条轴线依次排列着，如山门、戏台（上下两层，上为台，下为通道）、看台（上为台，下为廊）、牌楼、钟鼓楼、大殿、后楼等。造型奇特，威严凝重。

会馆入口

忠义牌坊

关帝庙

戏楼

戏台

关公塑像

忠义殿

张飞 关平塑像

无木不雕，无雕不美。
惟妙惟肖，艺术殿堂。

福建会馆又称天后行宫，位于烟台市芝罘区南大街与胜利路交汇处。始建于清光绪十年（1884 年），落成于清光绪三十二年（1906 年），是由福建船帮商贾集资修建的一座供奉海神娘娘（天后圣母）的封闭式古典寺院建筑，具有典型的闽南风格。会馆由山门、大福殿、后殿、戏楼和两厢五部分组成，南北长 92 m，东西宽 39 m，占地 3 500 m^2，建筑面积 1 459 m^2。所用的全部砖瓦木石，均从福建泉州一带精选，由良工巧匠就地雕琢、彩绘后运至烟台。山门是一座高大的木石结构建筑，主门 3 间，两侧次门各一间，外加两耳房，高约 10 m，有 14 根柱础支撑。屋顶由雕饰精美的斗烘托住，上覆翠蓝琉璃瓦，屋脊上有“二龙戏珠”龙吻，屋脊瓷板画有花卉、走兽、仕女图等。

福建会馆大门

戏台

圣母大殿

精美木雕装饰

龙雕

山门

天后圣母塑像

风雪关帝庙

鼓楼

精忠贯日，大义参天。

聊城山陕会馆在城区的南部，运河西岸，是清代聊城商业繁荣的缩影和见证。会馆始建于清乾隆八年(1743年)，是山西、陕西的商人为“祀神明而联桑梓”集资兴建的，从开始到建成共历时66年，耗银9.2万多两。会馆东西长77 m，南北宽43 m，占地面积3 311 m^2。整个建筑包括山门、过楼、戏楼、夹楼、钟鼓二楼、南北看楼、关帝大殿、春秋阁等部分，共有亭台楼阁160多间，为全国重点文物保护单位。在全国现存的会馆中，聊城山陕会馆的建筑面积不算很大，但是其精妙绝伦的建筑雕刻和绘画艺术却是国内罕见。

会馆外景

大义殿

古槐

木透雕

戏台

春秋阁

大庙

雕刻装饰精美绝伦，飞鸟走兽栩栩如生。

开封山陕甘会馆（又称同乡会），建于清乾隆年间，位于开封市区中部徐府街路北 105 号。“会馆”之名始见于明代，会馆多是外省官僚士绅的组织。起初是山陕两省的富商为扩大经营，保护自身利益筹结同乡会，后又加入甘肃籍商人，遂名“山陕甘会馆”。会馆建筑以砖、石、木雕艺的“三绝”誉冠中原。木雕为镂空透雕，上下宽度达 170 cm，雕刻题材有象征吉祥如意各种瓜果、花鸟、山水、人物、神兽、龙凤等，雕刻技法精湛，其景物玲珑剔透，栩栩如生。

忠义仁勇照壁

会馆大门

大义参天牌坊

流芳千古

戏楼

关庙大殿

精美木雕图案

大殿屋脊装饰

关公塑像

精美砖雕图案

二龙戏蛛石雕

大殿角檐装饰

禹王宫大门

湖广会馆临街大门

雕镂精湛栩栩如生，人物花鸟玲珑剔透。

湖广会馆位于重庆市渝中区东水门正街 4 号。又名禹王庙。抗战时为军用 203 仓库，现为重庆市商业储运仓库。始建于清乾隆二十四年（1759 年），道光二十六年（1846 年）扩建，为湖北、湖南在渝商人的聚会之所。由于长期以来遭受自然和人为的破坏，大山门被拆毁，殿堂房舍毁坏严重。大殿坐北向南，原为歇山式屋顶，现已改为普通屋顶，抬梁式屋架。面阔 16 m，进深 13.6 m，通高 12.5 m，建筑面积 217.6 m^2。前檐残存斗拱 5 朵，用材细小，是典型的清前期的建筑风格。湖广会馆与相联的广东会馆、江南会馆为一庞大的清代古建筑群，总占地面积 8 561 m^2，是古代重庆作为繁华商埠的历史见证。整个古建筑群雕梁画栋、涂朱鎏金，有浮雕镂雕的取材于西游记、西厢记、封神榜、二十四孝等人物故事图案，还有龙凤等各种动物图案及各种奇花异草等植物图案。

戏楼

古建筑群

精工透刻

建筑布局精巧

珍贵乌木

门楼精雕细刻

蜡塑“结账”

衙署

衙署指中国古代官吏办理公务的处所。《周礼》称官府，汉代称官寺，唐代以后称衙署、公署、公廨、衙门。衙署是城市中的主要建筑，大多有规划地集中布置，采用庭院式布局，建筑规模视其等第而定。

公生明牌坊

大堂

旗牌廊

一座总督衙署，半部清史写照。

古城保定的直隶总督署位于河北省保定市裕华路，是清代直隶总督的河北保定直隶总督署办公处所，是直隶省的最高军政机关，是我国现存的唯一一座最完整的清代省级衙署。始建于明洪武年间，初为保定府署，永乐年间为大宁都司衙署。自清雍正八年（1730年）直隶总督驻此，至清朝灭亡（1911年），直到清亡后废止，历经182年，可谓是清王朝历史的缩影，历史内涵十分丰富。曾驻此署的直隶总督共59人66任，如曾国藩、李鸿章、袁世凯、方观承等。民国年间是直系军阀曹锟的大本营。抗日战争和解放战争期间，曾是日伪和国民党河北省政府所在地，中华人民共和国建立后，河北省人民政府也曾驻此。1988年1月被国务院公布为第三批全国重点文物保护单位。

内宅门

大堂公案

二堂

迎宾楼外貌

雄伟壮观古堡，富丽堂皇典雅。

青岛迎宾馆始建于1905年，1908年正式竣工使用。主楼高4层，附楼高4层，是当时占领青岛的德国提督官邸，故名之总督官邸，俗称“提督府”。它由德国建筑师拉查鲁维茨设计。迎宾馆是一座典型的欧洲古堡式建筑，是德国威廉时代的典型建筑式样与青年风格派手法相结合的欧式建筑。内部布局典雅华贵，气派不凡，置身其中可享受到浓郁的欧洲宫廷气氛，迎宾馆又是一座博物馆，收藏着东西各国的稀世珍品。1941年日本取代德国侵占青岛后，该楼成为日本青岛守备军司令部官邸。1934年之前，青岛迎宾馆叫做“总督官邸”，于1934年才改称为迎宾馆。1949年中华人民共和国成立后成为接待国家领导人和外国贵宾的重要场所。1996年，中华人民共和国国务院将其公布为全国重点文物保护单位。1999年5月1日起，不再作为迎宾馆使用，开始以博物馆形式接待海内外观众。毛泽东主席和部分中央领导人及许多来青外国元首、政府首脑都在此小住。

庭院绿化

四季厅

书屋

壁炉

卧室

钢琴屋

钟表

1911年孙中山大总统办公处

虎踞龙盘今胜昔，天翻地覆慨而慷。
——毛泽东·《人民解放军占领南京》

南京总统府迄今已有600多年的历史。明朝初年曾是归德侯府和汉王府；清朝为江宁织造署、江南总督署、两江总督署，清朝康熙、乾隆皇帝下江南时均以此为“行宫”；1853年3月太平军占领南京，定都天京，洪秀全在此兴建了规模宏大的太平天国天朝宫殿（天王府）；1870年清军南攻破南京后，重建了两江总督署。1911年10月辛亥革命爆发后，1912年1月1日，孙中山在此处宣誓就任中华民国临时大总统。1948年5月20日，蒋介石、李宗仁在“行宪国大”分别当选总统和副总统后，国民政府改称总统府。蒋介石在抗战前后长达14年内在此担任国民政府总统。1949年4月23日南京解放，开始了总统府的历史新篇章。新中国成立后总统府一直作为机关的办公场所。自20世纪80年代以来，机关单位陆续搬出，变为南京中国近代史遗址博物馆。

总统府大门

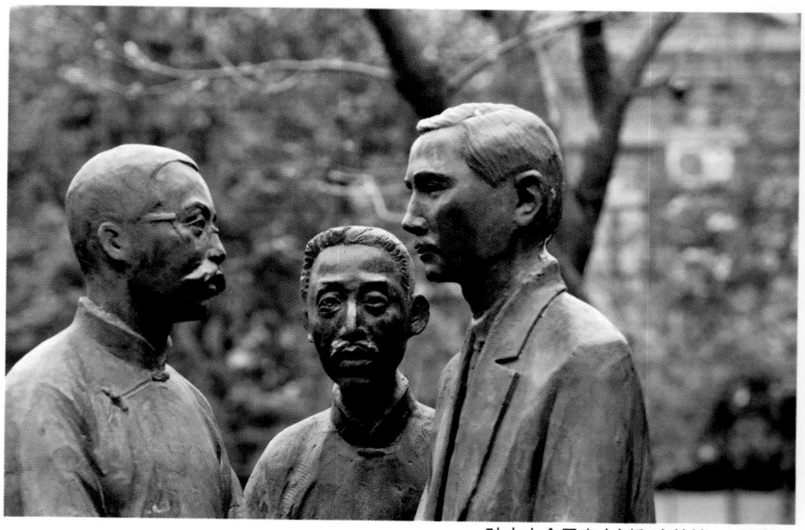

孙中山会见李大钊和廖仲恺（雕塑）

后花园

总统府内厅间绿地

总统府中心走廊

西花园

太平天国洪秀全的天王府御坐

台兒莊

古城

古城，一般就是指历史文化名城。根据《中华人民共和国文物保护法》，历史文化名城是指“保存文物特别丰富，具有重大历史文化价值和革命意义的城市”。

古城门夜景

敌楼景观

城高墙陡固金汤，雄伟壮观皇城墙。

西安城墙景区位于西安市中心区，呈长方形，墙高 12 m，底宽 18 m，顶宽 15 m，东墙长 2 590 m，西墙长 2 631.2 m，南墙长 3 441.6 m，北墙长 3 241 m，总周长 11.9 km。有城门四座：东长乐门、西安定门、南永宁门、北安远门。西安城墙是在唐皇城的基础上建成的，完全围绕“防御”战略体系。城墙的厚度大于高度，稳固如山，墙顶可以跑车和操练。现存城墙建于明洪武七年到十一年（1374 ~ 1378 年），至今已有 600 多年历史，是中世纪后期中国历史上最著名的城垣建筑之一，是中国现存最完整的一座古代城垣建筑。当全国统一后，朱元璋便命令各府县普遍筑城。他认为“天下山川，唯秦中号为险固”。

城墙角楼景观

城楼内景

瞭望口外景

城门墙以上设施

城墙以上大路

城墙卫队

万佛楼

左山右水巍然雄镇，边关防御蒙古南侵。

榆林地处河套之南黄土高原与草原的接壤区，是农耕民族防御蒙古鞋粗游牧部族南侵而构筑工事的最佳选择。榆林城建位置在长乐堡与保宁堡之中，左山右水，巍然雄镇。其城东依驼峰山，西临榆溪河，南带榆阳水，北镇红石峡，故明代列为九边重镇之一——延绥镇驻地。据《延绥镇志》与《榆林府志》记载：明洪武二年（1369 年）建榆林寨。明正统二年（1437 年）明王朝命驻守绥德延绥镇都督王祯在偷林庄（今普惠泉处）始筑榆林城堡，“城座不过百矩”。成化八年（1432 年）延绥镇巡抚余子俊在城北（今官井滩）增筑城垣，成化九年（1473 年）将延绥镇治所由延绥移驻榆林城堡，延绥镇因此也称榆林镇。

文昌阁

古城墙

古塔

沙漠之舟

胜景牌坊

古城城门

遥望步云廊桥

古城水巷

古运河上一明珠，大美神州第一庄。

运河古城坐落于枣庄市台儿庄区，是京杭运河仅存的遗产村庄。乾隆皇帝第四次下江南，曾亲笔御书“天下第一庄”。台儿庄古城形成于汉，发展于元，繁荣于明清。1938 年抗日战争的台儿庄大战，把这座繁华似锦的古城夷为平地。为抢救保护运河文化遗产，枣庄市政府于 2008 年 4 月 7 日启动了古城第一期重建工程，规划总面积 2 km^2，包括 11 个功能分区、8 大景区和 29 个景点，列为山东省十大旅游重点工程。台儿庄有京杭大运河上仅存的 3 公里古河道、古船闸、古码头的遗址，被世界旅游组织称为“活着的运河”。台儿庄古城集八种建筑风格于一体，汇世界主要五大宗教及中国主要民间信仰的七十二庙宇于一城，城内有 18 个汪塘、7 km 的水街水巷，是目前国内唯一一座可以摇桨游全城的古城。

古城大衙门街

步云廊桥桥头

天后宫大门

天后宫牌坊

御用龙船

大殿龙柱

石舫

玩猴人

童趣

神算

修鞋匠

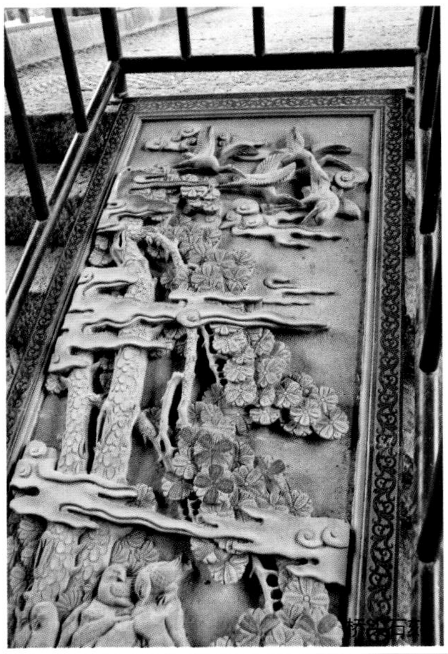
桥[illegible]石刻

大殿九龙台

相府牌坊

依山而建双城堡，蔚然壮观宰相府。

皇城相府位于山西省东南部的晋城市阳城县皇城村，地处山西、河南两省交界地段。皇城相府原名“中道庄”，为建于明清时期的官宦宅居城堡式建筑群，是清代文渊阁大学士、吏部尚书、著名宰相陈廷敬故居。清时由康熙赐名并亲笔御书“午亭山村”。后因康熙皇帝两次于此下榻，故名“皇城”，俗称“皇城相府”。庄园之内城（原名斗筑居）与外城（中道庄）紧密相连，浑然一体，为依山而建的全封闭双城堡式建筑群。外观城中有城，顺物应势，蔚然壮观；其内，庭院错落，曲径通幽，博大精深，具有很高的历史文化品位。

古堡庄园远景

相府内宅大门

悬楼

四合楼

庄园碉堡

古城墙入口

古城墙上景观

城墙外景观

筑城造型风格雅，雄伟壮观海内孤。

平遥城墙位于山西省中部的平遥县，是中国现存最完好的四座古城墙之一。平遥城墙史称“古陶”。春秋时置中都于此，汉置京陵县并筑京陵城。北魏始名平遥并筑城池。明洪武三年（1370年）重筑时外壁砌砖。平遥城墙马面多，造型美观，防御设施齐备，为中国历代筑城之仅有，并以筑城手法古拙、工料精良堪称于世，是研究中国古代筑城之制的珍贵资料。平遥城墙遥城池呈方形，城墙周长 6 163 m。南城墙随中都河蜿蜒而建，其余三面皆直线相围。城墙高 8 ~ 10 m，底厚 8 ~ 12 m，顶厚 3 ~ 6 m。墙身素土夯筑，分层铺设稻草为拉筋，外壁城砖白灰包砌，顶部青砖铺墁，内向设泻水渠道。环城墙辟城门 6 道，东西各二，有上下门之分；南北各一。各门交错设置，门外筑瓮城，内外皆用条石铺墁，门洞上原建城楼各一。城墙四角设平台，原各建角楼一座，现城门楼角楼失存。城墙东南隅建有魁星楼和文昌阁，亦俱废。东墙城门上尚存尹吉甫点将台。城墙内侧筑马道。城墙外壁分段筑马面 71 堵，上建敌楼各一，中架木板，外设箭孔。城墙上设女墙高 0.6 m，堞口高 2 m。

古城墙大炮

城墙下街道景观

古牌坊

布局严谨，主次分明。外观封闭，大院深深。

平遥古城是中国境内保存最为完整的一座古代县城，是中国汉民族城市在明清时期的杰出范例，在中国历史的发展中，为人们展示了一幅非同寻常的文化、社会、经济及宗教发展的完整画卷。平遥旧称“古陶”，明朝初年，为防御外族南扰，始建城墙，洪武三年（公元 1370 年）在旧墙垣基础上重筑扩修，并全面包砖。以后景泰、正德、嘉靖、隆庆和万历各代进行过十次的补修和修葺，更新城楼，增设敌台。康熙四十三年（公元 1703 年）因皇帝西巡路经平遥，而筑了四面大城楼，使城池更加壮观。平遥城墙总周长 6 163 m，墙高约 12 m，把面积约 2.25 km^2 的平遥县城一隔为两个风格迥异的世界。城墙以内街道、铺面、市楼保留明清形制；城墙以外称新城。这是一座古代与现代建筑各成一体、交相辉映、令人遐思不已的佳地。2009 年，平遥古城荣膺世界纪录协会中国现存最完整的古代县城，再获殊荣。

古城楼

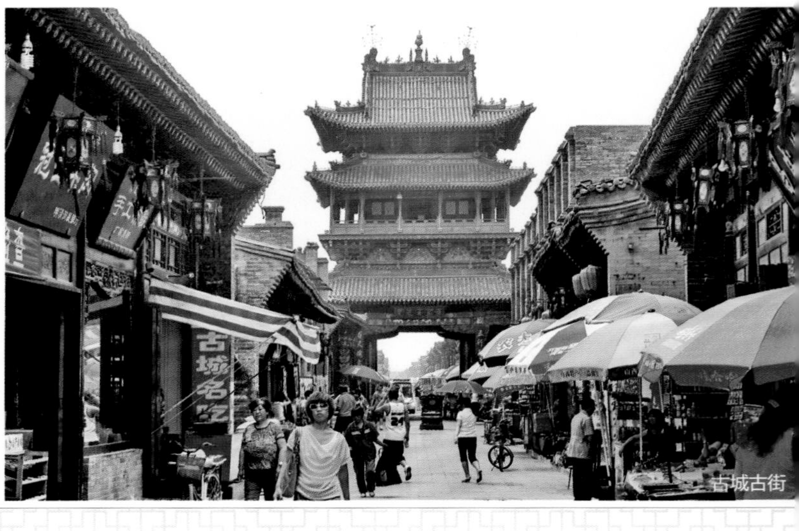
古城古街

古城楼装饰

古城宝恒隆古董店

汇武林

九龙壁

古玩店

大清炸糕

集贤客栈

荆州城寅宾门

古城廓

自古兵家必争地，历多墨客铸华章。

荆州古城墙始建于春秋战国时期，曾是楚国的官船码头和渚宫，后成为江陵县治所，出现了最初城郭。经过三百五十多年的风雨，现存的古城墙大部分为明末清初建筑。现耸立在人们眼前的雄伟砖城，为明清两代所修造。砖城逶迤挺拔、完整而又坚固，是我国府城中保存最为完好的古城垣。荆州位于湖北省中南部，人们时常说的俗语“大意失荆州”，出典就在此。荆州是国务院首批公布的全国历史文化名城，保存着众多的名胜古迹，其中最有名的就是荆州古城，该城保存完整，里面有玄妙观、关帝庙及铁女寺等。在荆州，有许多古迹都是跟三国故事有关的。城北 5 km 处的纪南城是春秋战国时期楚国的都城，保存得也较好。

古城门

三国刘备将相图

大将周仓

大将魏延

大将赵云塑像

古城墙

宾阳楼

万年台

鹊渚十里闻酒香，三河美酒醉英王。

三河镇，地处合肥、六安二市交界处，与舒城、庐江县相邻，行政上属于合肥市肥西县。此地原是巢湖中的高洲，古名鹊渚、鹊尾（渚）、鹊岸等，后因泥沙淤积，渐成陆地。南北朝后期称三汊河，明、清置三河镇。唐宋以后，三河周围的河湖滩地逐渐兴筑圩田，绵延数十里，使这里成为鱼米之乡。三河镇很早就形成一个以米市为主的繁华商埠。清嘉庆《合肥县志》记载：“三河为三邑犬牙之地，米谷廪聚，汇舒、庐、六诸水为河者三，河流宽阔，枝津回互，万艘可藏”。据 1933 年统计，三河港年平均输出大米 100 万石，为巢湖各港之冠。此外，舒城西山所产竹木柴炭等林产山货顺杭埠河而下，在此集散。来自下江（上海、南京）的日用百货也由此批发，流向乡间，使三河成为巢湖西岸和大别山东麓的一个重要商品集散中心，素有“买不尽的三河”之说。

古城墙

大南门

鹊渚廊桥

小南河游船

鹊渚游廊

望月楼

收费站

水巷小桥多，家家尽枕河。柳桥通水市，船比车更多。

同里镇，江南六大名镇之一。位于太湖之畔古运河之东。她建于宋代，至今已有 1000 多年历史，是名副其实的水乡古镇。同里镇隶属吴江市，距苏州市 18 km，距上海 80 km，是为江南六大著名水乡之一，面积 33 公顷，为五个湖泊环抱，由网状河流将镇区分割成七个岛。古镇风景优美，镇外四面环水。它是江苏省最早的也是唯一将全镇作为文物保护单位的古镇。1995 年更被列为江苏省首批历史文化名镇。1998 年水乡古镇和退思园被列入世界文化遗产预备清单。它像一颗珍珠镶嵌在同里、叶泽、南星、庞山、九里 5 个湖泊之中。镇区被川字形的河道及纵横交叉的支流分割成 7 个小岛，由于同里处于泽国河网之中，历史上交通不便而少有兵燹之灾，古建筑保存较多，是江苏省目前保存最为完整的水乡古镇之一。因水成园，家家连水，户户通船，构成层次错落有致的优美画卷。自古以来，诗人墨客对此赞美不绝。

古镇牌坊

过街桥

茶楼

水上游

桥口街

闹市

游船码头

水乡风光

吴树依依吴水流，吴中舟楫好夷游。

周庄位于苏州城东南，昆山的西南处，古称贞丰里。明代富商沈万三利用周庄镇北白蚬江水运之便，通番贸易粮食、丝绸、陶瓷、手工艺品，遂为江南巨富。沈万三富得让朱元璋都垂涎，他个人出资修了南京明城墙的三分之一。清康熙初年正式定名为周庄镇，著名景点有富安桥、双桥、沈厅。富安桥是江南仅存的立体形桥楼合壁建筑；双桥则由两桥相连为一体，造型独特；全镇桥街相连，依河筑屋，小船轻摇，绿影婆娑，返朴归真的游人会情不自禁地流连忘返。周庄镇已有九百年的历史，镇内河流呈井字型，镇中桥梁很多，其中历史在四百年以上的古桥的就有八九个。

水陆立交

留住瞬间

双桥

水巷穿行

房前街 房后河

水乡闹市

楼外楼

乌青毓秀牌坊

以河为街木板屋 小桥流水石板路

乌镇原以市河（车溪）为界，分为乌青二镇，河西为乌镇，属湖州府乌程县；河东为青镇，属嘉兴府桐乡县。从杭州出发走高速公路一个多小时的车程，乘坐高铁则只要22分钟，相当便捷。一条流水贯穿全镇，它以水为街，以岸为市，两岸房屋建筑全面向河水，形成了水乡迷人的风光。水中不时有乌篷船往返；岸边店铺林立，叫卖声不绝于耳。乌镇地处河流冲积和湖沼淤积平原，地势平坦，无山丘，河流纵横交织，气候温和湿润，雨量充沛，光照充足，物产丰富，素有“鱼米之乡、丝绸之府”之称。

乌镇拳船

乌镇邮局

河街各半

乌镇古街

河岸叠翠

六朝遗胜

瓷器口标准牌坊

白日千人拱手，入夜万盏明灯。

磁器口古镇是位于重庆市区，行政区划隶属沙坪坝区，古镇磁器口位于市区近郊，东临嘉陵江，南接沙坪坝，西界童家桥，北靠石井坡。距繁华的主城区仅 3 km。始建于宋代，面积 1.18 km^2，为历经千年变迁而保存至今的重庆市重点保护传统街。磁器口，以出产瓷器而得名。在 1918 年地方商绅集资在青草坡创建了新工艺制瓷的“蜀瓷厂”，瓷器质地奇好，品种繁多，名声渐大，产品远销省内外。渐渐地，“磁器口”名代替了“龙隐镇”。现已发现古窑遗址 20 余处。商贸集中在大码头和靠码头的金蓉正街。现今磁器口古镇保存了较为完整的古建筑，开发了榨油、抽丝、制糖、捏面人、川戏等传统表演项目和各种传统小吃、茶馆等。每年春节举办的瓷器口庙会四古镇最具特色的传统活动，吸引数万市民前往参与，是距重庆主城区最近的古镇景观。

江岸龙隐门

童塑

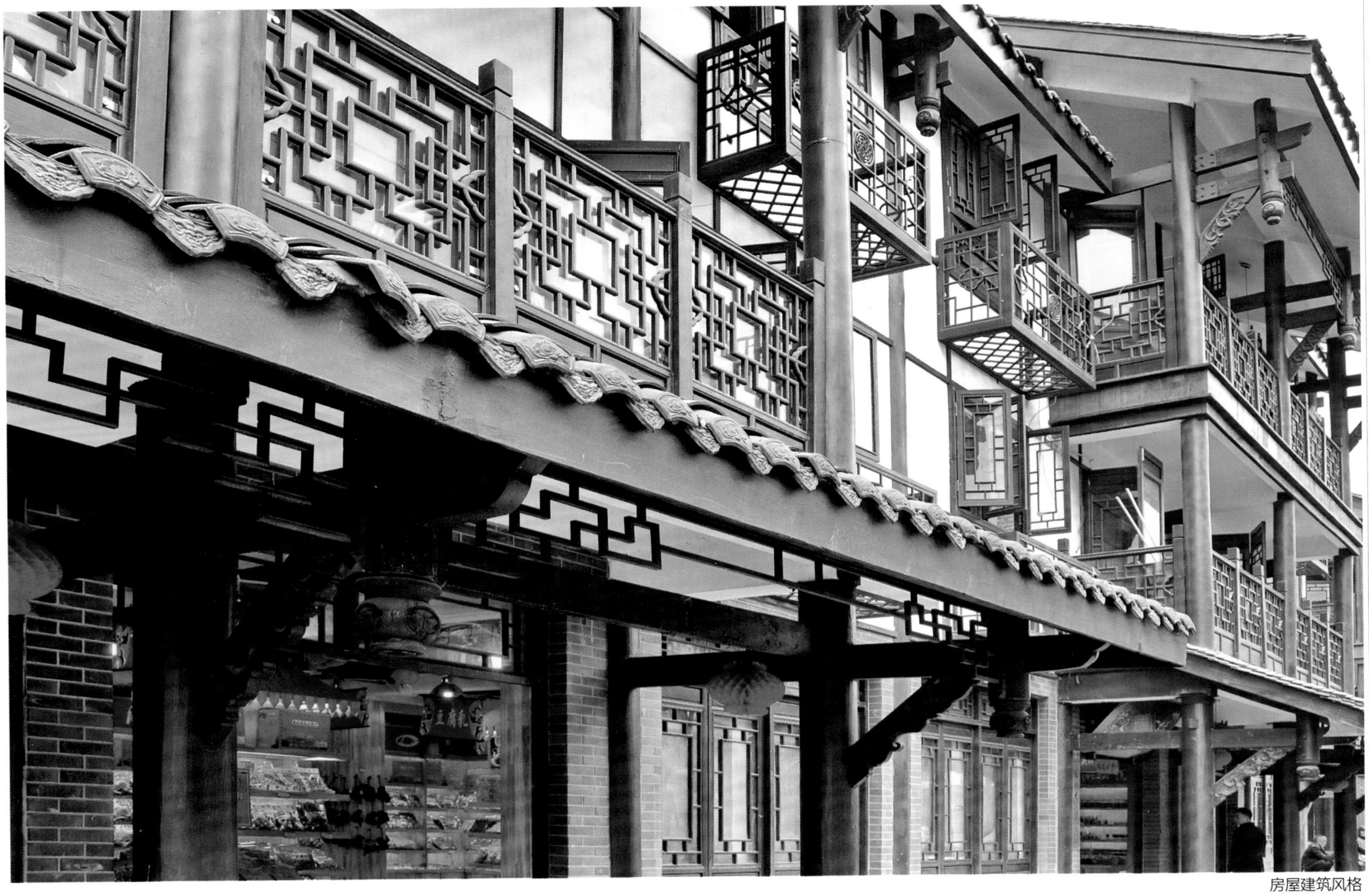
房屋建筑风格

古城文献楼

洋人街

一海绕苍山，苍山抱古城。
三家一眼井，一户几盆花。

大理古城东临碧波荡漾的洱海，西倚常年青翠的苍山，从 779 年唐代南诏王异牟寻迁都大理城，已有 1200 年的历史。现存的大理古城是以明朝初年的基础上恢复的，城呈方形，开四门，上建城楼，下有卫城，更有南北三条溪水作为天然屏障，城墙外层是砖砌的；城内由南到北横贯着五条大街，自西向东纵穿了八条街巷，整个城市呈棋盘式布局。南门城门头“大理”二字是集郭沫若书法而成。由南城门进城，一条直通北门的复兴路，成了繁华的街市，沿街店铺比肩而设。

古城远景

大理古城　南城楼

古城大街

古城街市

西游行者

古城苍山门　城楼

古城大水车

遥望玉龙琼山峻，俯视墨潭泉液通。

丽江古城位于云南省的丽江市，始建于宋末元初（公元13世纪后期），又名大研镇，坐落在丽江坝中部，它是中国历史文化名城中唯一没有城墙的古城。据说是因为丽江世袭统治者姓木，筑城则如木字加框而成“困”字。古城地处云贵高原，海拔2400余米，全城面积达3.8 km^2。纳西族占总人口绝大多数。位于古城中心的四方街是丽江古城的中心，位于古城与新城交界处的大水车是丽江古城的标志。在丽江古城区内的玉河水系上，修建有桥梁354座，其密度为平均每平方公里93座，形制多样，其中以大石桥最具特色。

古城远景

家家门前长流水

远眺玉龙雪山

古城酒吧　一条街

古城木王酒楼

水湾

水巷

别有情致

依河为轴线

不是江南胜江南，堪称东方威尼斯。

镇远古镇是贵州省黔东南苗族侗族自治州镇远县名镇，位于舞阳河畔，四周皆山。河水蜿蜒，以“S”形穿城而过，北岸为旧府城，南岸为旧卫城，远观颇似太极图。两城池皆为明代所建，现尚存部分城墙和城门。城内外古建筑、传统民居、历史码头数量颇多。镇远古镇交通方便区位优越，湘黔铁路、株六复线、320 国道、沪昆高速公路穿境而过，距铜仁、湖南芷江和贵飞机场分别为 90 km、170 km、270 km。县境东界湖南新晃，南临三穗、剑河，西毗施秉，北接岑巩和铜仁地区的石阡，素有“滇楚锁钥、黔东门户”之称。镇远历史悠久，达 700 多年之久。

历史遗址和平村

秀美的舞阳河

依山傍河

靠山楼

府院

本书的府院特指文化艺术建筑，其中包括名人故居、书院等。

渡世有缘皆可渡，此间即慧海慈航。

大悲院位于天津市河北区天纬路，始建于明末清初，盛时占地56亩。后几多兴废。十年浩劫中寺内被洗劫一空，1980年开始修复，1983年经国务院批准为全国重点开放寺院。念佛堂所供奉的毗卢遮那佛造像，铜色古老，塑型精美，据考为唐代铜铸，系佛门瑰宝，国内珍贵文物。寺内还藏有铜、木、石、玉雕佛像、泥塑佛像及龙、狮、虎、豹、鸾凤等飞禽鸟兽雕像及车、棺、碑等雕塑数百余件，大多都是魏、晋、南北朝、隋、唐、元、明、清以来的文物，极具赏鉴考古价值。

倓虚法师 舍利塔

钟楼

千手铜佛

立式栽培 金银花

四象佛塔

龙鱼

大雄宝殿释迦牟尼佛像

观音殿佛像

荣国府前牌坊

金门玉户神仙府，桂殿兰宫妃子家。

荣国府大门

荣国府是根据中国古典名著《红楼梦》而设计、建造的，分府、街两大部分。整个工程于 1984 年 12 月破土动工，1986 年 7 月竣工。荣国府占地面积 22 000 m^2，建筑面积 4 700 m^2，房屋 212 间，游廊 102 间。中路为贾政公务院，采用了庄重的宫廷式彩绘，东西两路为内宅院，采用了明快的苏式彩绘，室内落地花罩典雅气派，明清式家具精美华贵，23 个场景，150 个人物；1600 多件古玩、字画。府内西侧怡园内四季花亭古香古色，小桥迂回山水齐备，婉如一座小巧别致的苏州园林。荣国府落成后，1986 年 36 集电视剧《红楼梦》在此拍摄，此后又拍摄了《雪山飞狐》《古城黎明》《东方商人》《牛子厚与富连成》等 100 余部电视剧。

荣国府前石桥

荣国府穿堂

荣禧堂

金陵十二钗展室

荣庆堂

荣禧堂室内装饰

蘆雪庵赏雪

贾政女儿元妃省亲展

十二钗雕塑展

重光门

内院墙上的照壁

诗书礼仪圣人第，天下贵族第一家。

孔府旧称衍圣公府，位曲阜市内孔庙东邻，占地200余亩，为历代衍圣公的官署和私邸。始建于宋仁宗宝元年（1038年），为我国仅次于北京故宫的贵族府第。孔府有楼轩厅堂463间，院落九进，布局分东、西、中三路：东路为家祠所在地，有报本堂、桃庙等。西路为旧时衍圣公读书、学诗学礼、燕居吟咏和会客之所。中路是孔府的主体部分，前为官衙，设三堂六厅。往后住宅，最后是孔府花园。七十二代衍圣公孔令贻的住宅和房内陈设保存完整。公元1935年，民国政府取消“衍圣公”，改为“大成至圣先师奉祀官”。生于1920年的孔德成，便成为末代衍圣公，新中国成立前去了台湾，2008年去世，享年88岁。

孔府大门

盛开的木香花

西花园

盆景园

古柏树

大堂公案

大堂二侧各种仪仗

三堂府衙

原孔子 77 代孙孔德成住室

石桥

唐碑

满园春色催桃李，一片丹心育新人。

嵩阳书院，天地之中历史建筑群国家文物之一，位于河南省登封市城嵩阳书院北 3 km 峻极峰下，因坐落在嵩山之阳故而得名，创建于北魏太和八年（484 年），时称嵩阳寺。隋朝大业年间（605 年）更名为嵩阳观，到五代时周代改建为太室书院。1961 年中华人民共和国国务院公布为全国重点文物保护单位。联合国教科文组织第 34 届世界遗产大会 2010 年 8 月 1 日审议通过，将“天地之中”8 处 11 项历史建筑列为世界文化遗产，包括少林寺建筑群（常住院、初祖庵、塔林）、东汉三阙（太室阙、少室阙、启母阙）和中岳庙、嵩岳寺塔、会善寺、嵩阳书院、观星台。现已成立郑州大学嵩阳书院。嵩阳书院是我国古代高等学府，它与河南商丘的睢阳书院（又名应天书院）、湖南的岳麓书院、江西的白鹿洞书院，并称为我国古代四大书院。

嵩阳书院大门

高山仰止牌坊

嵩阳书院讲堂

藏经楼

二程教学

大将军柏

二将军柏

厅事（大堂）

开封府上法如铁，明镜高悬公正明。

开封府位于开封市包公湖东湖北岸，占地 60 余亩，建筑面积 1.4 万 m^2，气势恢弘，巍峨壮观，与位于包公西湖的包公祠遥相呼应，形成了“东府西祠”楼阁碧水的壮丽景观。它以府门、仪门、正厅、议事厅、梅花堂为中轴线，辅以天庆观、明礼院、潜龙宫、清心楼、牢狱、英武楼、寅宾馆等五十余座大小殿堂、楼宇。“开封府”坚持弘扬中华民族创造的优秀文化和历史文明传承，突出包公在府衙文化中的灵魂作用；坚持动静结合、雅俗共赏、历史与演义相映成趣的经营理念。在开封府，不仅有宋太宗、宋真宗、宋钦宗由此登基，还有寇准、包拯、欧阳修、范仲淹、苏轼、司马光、苏颂、蔡襄、宗泽等一大批杰出的政治家、文学家、军事家、书法家。

开封府大门

假山

潜龙宫

仪门

清心楼远景

清心楼

潜龙殿

左厅

角楼

清心楼复合角檐

拱奎楼

太湖石景

紫藤架

开封府公堂（模拟）

宋欧阳修坐开封府

宋司马光任开封府尹

先后定都开封宋太宗、宋真宗、宋钦宗

书院礼台

千年学府，弦歌不绝。

岳麓书院位于湖南省长沙市湘江西岸的岳麓山风景区，为中国古代著名四大书院之一，现为岳麓山风景区重要观光点。书院始建于北宋开宝九年（976年），一千余年来，这所誉满海内外的著名学府，历经宋、元、明、清时势变迁，迨及晚清（1903年）改制为湖南高等学堂，1926年正式定名为湖南大学。至今书院仍为湖南大学下属的办学机构，面向全球招生。岳麓书院占地面积21 000 m^2，现存建筑大部分为明清遗物，主体建筑有大门、二门、讲堂、半学斋、教学斋、百泉轩、御书楼、湘水校经堂、文庙等，各部分互相连接，完整地展现了中国古代建筑气势恢宏的壮阔景象。

岳麓书院二门

书院教育理念

岳麓书院前大门

书院建筑群

长廊

大门景观

雄伟壮观土王府，千年湘西第一宅。

老院子位于湖南张家界市城区永定大道鹭鸶湾大桥东，始建于清雍正初年，是整个湘西乃至全国幸存下来、保存最为完好的土家族古宅，被誉为“土家第一宅”。老院子的主人从北宋宋真宗年间就开始兴办教育，于 1048 年创办了紫荆书馆，于 1352 年创办天门书院，在 1940 年将书院和长沙兑泽合并。从雍正年到民国，获取功名者达 43 人，其中北伐名将 2 人。前任总理朱镕基及中科院院士、地质部部长田奇㑺都是从这里走出去的。张家界老院子以其深厚的多元文化内涵、典型的湘西建筑风格，成为省级重点文物保护单位，是电视连续剧《血色湘西》在张家界地区的拍摄地。

院内房屋建筑

大门牌匾

千年五嘀水床

厅院花池

学堂

玉音楼

金碧辉煌拟王室，雪山之下一明珠。

丽江木府位于丽江古城西南隅，占地 46 亩，中轴线全长 369 m。纳西族首领自元代世袭丽江土司知府以来，历经元、明、清三代 22 世 470 年，在西南诸土司中以“知诗书好礼守义”而著称。木府是丽江历史的见证，古城文化的象征。大门木牌坊上书有“天雨流芳”四字，乃纳西语“读书去”的谐音，体现了纳西人历来推崇知识、重视教育。木府主要建筑有议事厅、万卷楼、护法殿、光殿楼等，史称其建筑“称甲滇西”。玉音楼是接圣旨之所和歌舞宴乐之地；三清殿是木氏土司推崇道家精神的产物。从狮子山观景台可瞭望到北方玉龙雪山的胜景，是来丽江游人必到之处。

木府忠义牌坊

万卷楼

三清殿

木府大门

玉音楼

光碧楼

天威楼

四方听音

McDonald's

街

《说文解字》："街，四通道也"。前后左右都通，一般城里的主要道路古代都称街。如唐长安城的朱雀大街、宋汴梁城的御街、临安城的天街、明清北京城的正阳门大街（前门大街）、长安街、宋代苏州城的大街（卧龙街，今人民路）、明清济南城的院前大街，都是当时当地最主要的街道。

俄罗斯商品城

俄罗斯式钟亭

西方建筑艺术长廊，休闲购物包罗万象。

哈尔滨中央大街步行街是目前亚洲最大最长的步行街，始建于 1898 年，初称“中国大街”。1925 年改称为沿袭至今的“中央大街”，现在发展成为哈尔滨市最繁华的商业街。大街北起松花江防洪纪念塔，南至经纬街，全长 1 450 m，宽 21.34 m，其中人行方石路 10.8 m 宽。被誉称“哈尔滨第一街”的中央大街，以其独特的欧式建筑、鳞次栉比的精品商厦、花团锦簇的休闲小区以及异彩纷呈的文化生活，成为哈尔滨市一道亮丽的风景线。最奇特的是中央大街上铺的石头，他是长方形条形石，但以纵向冲上铺满，由 1924 年以俄罗斯工程师科姆特拉肖克社监工完成的。步行街自开通以来日接待游人 20 余万人次。步行街的夜晚流光溢彩，游人如织，更有一番特色，充分体现出旅游、购物、娱乐、休闲的功能。风格各异的西六道街、西七道街、中央商城、车辆厂住宅楼前等四处休闲区，构成了中央大街集休闲、娱乐、旅游、购物为一体的城市新风景。

纪念碑顶雕像

哈尔滨中央大街标志

洋葱式楼顶

亭阁圆顶式楼顶

尖顶式楼顶

欧洲风格

罗马风格

尖堡刺空

别具一格

哈尔滨防洪纪念碑

音乐家的风采

三坊七巷远景

谁知五柳孤松客，却住三坊七巷间。

三坊七巷地处福州市中心，是南后街两旁从北到南依次排列的十条坊巷的概称。“三坊”是衣锦坊、文儒坊、光禄坊；“七巷”是杨桥巷、郎官巷、安民巷、黄巷、塔巷、宫巷、吉庇巷。占地 40 公顷，现有古民居 268 幢。三坊七巷形成于唐王审知罗城，罗城南面以安泰河为界，政治中心与贵族居城北，平民居住区及商业区居城南，同时强调中轴对称，城南中轴两边，分段围墙，这些居民成为坊、巷之始，也就是形成了今日的三坊七巷。在这个街区内，坊巷纵横，石板铺地；白墙瓦屋，曲线山墙、布局严谨，匠艺奇巧；不少还缀以亭、台、楼、阁。

灯艺

灯楼

福来茶馆

文化遗产博览苑

古树参天

历史遗迹

刻书

裱糊

典当

关公雕像

捣米图

八大风景点

吉林雾凇岛

雾凇奇观绝天下　吉林雾凇冠中华

——赵朴初

雾凇岛离吉林市近 40 公里，最佳季节是每年的 12 月下旬到第二年的 2 月底。雾凇岛地势较吉林市区低，又有江水环抱，冷热空气在这里交会而形成雾凇。雾凇不是雪，也不是冰，而是树枝上挂的霜。沿着松花江的堤岸望去，松柳凝霜挂雪，戴玉披银，如朵朵白云，排排雪浪，十分壮观。沿江的垂柳挂满了洁白晶莹的霜花，江风吹拂银丝闪烁，天地白茫茫一片，有如被尘世遗忘的仙境。 雾凇岛的对面是乌拉街韩屯，如住宿在村子里农家，可有温暖的土炕，包食宿每天约 30 元。

内蒙古呼伦贝尔草原

蓝天白云望不尽　绿草如茵水如烟

呼伦贝尔草原位于大兴安岭以西，由呼伦湖、贝尔湖而得名。地势东高西低，海拔在 650 ～ 700 公尺之间，这里是我国目前保存最完好的草原，水草丰美，有“牧草王国”之称。它是一代天骄成吉思汗的出生地，同时这里也是中外闻名的旅游胜地，总面积一亿四千九百万亩。呼伦的蒙语大意为“水獭”，贝尔的蒙语大意为“雄水獭”，因为过去这两个湖里盛产水獭。这样一片没有任何污染的绿色净土出产的肉、奶、皮、毛等畜产品，备受国内外消费者青睐，连牧草也大量出口日本等国家。

北京香山公园

苍松翠柏石径斜，西山晴雪琉璃塔；
借问红叶何方有，路人遥指山如霞。

香山公园位于京城西郊，距市区约20 km，始建于金大定二十六年（1186年），时称永安寺，距今已有800余年的历史。元、明、清三朝皇家均在此建行宫别苑。全园面积160公顷，因山中有巨石形如香炉而得名，是北京著名的森林公园，其秋天红叶驰名中外，是我国四大赏红叶胜地之一。香山公园是一座历史悠久、山林特色浓郁的皇家园林。乾隆皇帝在原有建筑的基础上进行了大规模的营造，形成名噪一时的28景，并更名为“静宜园”。1860年、1900年香山两度遭到帝国主义劫掠；民国时期，香山被军阀显贵占为私人别墅，多处封闭。1956年5月辟为香山公园，经过近50年的建设，香山已经成为既富含历史文化，又兼有优美风光的著名风景区。

甘肃敦煌鸣沙山

雷送余音声袅袅 风生细响语喁喁

敦煌鸣沙山位于甘肃省敦煌市南五公里处巴丹吉林沙漠和塔克拉玛干沙漠的过渡地带，沙峰起伏，连绵不断。鸣沙山长 40km、宽 20km，最高处约 250 米，全山积沙而成。山峰陡峭，背如刀刃，山麓有翡翠般的月牙泉。山体全由细沙聚积而成，沙粒有红、黄、蓝、白、黑五种颜色，晶莹透亮，一尘不染。沙山形态各异：有的像月牙儿，弯弯相连，组成沙链；有的像金字塔，高高耸起，有棱有角；有的像蟒蛇，长长而卧，延至天边；有的像鱼鳞，丘丘相接，排列整齐。由于山势陡峭，攀登只能缓缓而上。

湖南张家界天子山

云烟缭绕铺天地 鬼斧神工峭险绝

天子山原名青岩山，因古代土家族领袖向大坤率领当地农民起义自称“天子”而得名，武陵源的四大景区之一。天子山处于武陵源腹地，地势高出四周。置身天子山主峰，举目远眺，视野辽阔，透视线长，层次丰富，气象万千，方圆百里景观尽收眼底。天子山不但险绝，且给人神秘幽静之感，尤以石林奇观闻名遐迩。无数石峰如剑如戟，森然列于其间，更似千军簇拥，气势雄浑无媲。览胜之间，令人遐思无限，不得不惊叹造物者的鬼斧神工。天子山有云涛、月辉、霞日、冬雪四大奇观。山间云雾变幻无穷，仪态万千，时如江海翻波，涌涛逐浪，时若轻纱掩体，飘渺虚无。日出时晖映长空，日落处霞光无限，又将天子山装点成瑰丽明艳的帝王宫阙。夜风下，皓月弄影，峭壁如洗，万籁俱寂，浪漫陶人，大有“起舞弄清影，何似在人间”之感。入冬后，则雪压险峰，霜被松柏，冰锥倒悬，经久不化，俨然一派银装素裹的奇幻景象。

陕西宜川壶口瀑布

滚滚黄河涌壶口　惊天动地泣鬼神

壶口瀑布是黄河中游流经秦晋大峡谷时形成的一个天然瀑布。西距陕西省宜川县城 40km，东距山西吉县城约 25km。瀑布宽达 50m，深约 50m，最大瀑面 3 万 m^2，是中国仅次于贵州省黄果树瀑布的第二大瀑布，也是世界上最大的黄色瀑布。 滚滚黄河水至此，300 余米宽的洪流骤然被两岸所束缚，上宽下窄，在 50m 的落差中翻腾倾涌，声势如同在巨大无比的壶中倾出，故名“壶口瀑布”。

黄山西海景区

鬼斧神工千峰奇　云雾缭绕多梦幻

黄山西海景区位于索溪峪景区的西部。为一盆地型峡谷峰林群。“海”中峰柱林立，千姿百态，林木葱郁，有“峰海”“林海”之称。春夏或秋初雨后初晴，则云如浪涛，或涌或翻，或奔或泻，铺天盖地，极为壮观，誉为“云海”三“海”合一即西海之特色。其中通天门、天台为绝景。拥着许多箭林般的峰峦，大峰磅礴，小峰重叠，每当云雾萦绕，层层叠叠的峰峦时隐时现，酷像浩海中的无数岛屿。若是夕阳西斜，整个山谷沐浴在万道阳光之中，层峦尽染，气象万千，呈现着无限瑰奇的绝妙景象。西海峡谷因群峰兀立、谷深不可测而被称作神秘谷。此处的排云亭可眺望西海群峰、晚霞落日飞来石矗立峰顶排云亭后面是高 1712 米的丹霞峰，站在峰上可以观赏到旭日东升云端的壮观以及飞来峰和九龙峰的雄伟主要景点还有仙人晒靴、夫妻对话、仙女弹琴、天狗望月、背面观音、仙女绣花、武松打虎、天鹅孵蛋、仙人踩高跷、文王拉车等景点，此处更是黄山观晚霞最好的地方。

安徽九华山

奇峰峻岭惊魂魄 疑是九龙欲攀天

为皖南斜列的三大山系（黄山、九华山、天目山）之一。位于安徽省池州市青阳县境内，西北隔长江与天柱山相望，东南越太平湖与黄山同辉，是安徽“两山一湖”（黄山、九华山、太平湖）黄金旅游区的北部主入口、主景区。方圆 120 km，总面积 334km^2，最高峰海拔 1342m，中心位置九华街地理坐标为东经 117°，北纬 30°。九华山主体由燕山期花岗岩构成，以峰为主，盆地峡谷，溪涧流泉交织其中。山势嶙峋嵯峨，共有 99 峰，其中以天台、天柱、十王、莲花、罗汉、独秀、芙蓉等九峰最为雄伟。十王峰最高，海拔 1342m。主要风景集中在 100km^2 的范围内，有九子泉声、五溪山色、莲峰云海、平冈积雪、天台晓日、舒潭印月、闵园竹海、凤凰古松等。现存寺庙 78 座，佛像 6000 余尊。

后　记

本书众作者先后忙碌了八年之久，走南闯北，跋山涉水，饱受旅途风霜之苦，对我国各地知名风景园林名胜一一进行了造访，拍摄了大量的高清数码图片，决心要把祖国山河之雄伟壮丽以画图形式生动、形象地展现出来，使广大读者足不出户就能博览和领略神州之壮美，从而激发广大国人的爱国热忱。这也正是我们每个作者最大的心愿和追求。

本书内容涉及面大，相关范围广，在整个外业调查和编写过程中有幸得到各相关单位及领导的大力支持和帮助，万分感激不尽。尤其在本书编辑过程中，中国林业出版社李顺编辑呕心沥血，付出了艰辛的劳动，我们衷心致以谢意。

作者